白垩纪
恐龙

白垩纪恐龙

DINOSTAR
恐龙星际

勇敢孩子的

恐龙公园

白垩纪恐龙

[生僻字注音版]

邢立达 韩雨江◎主编　　徐星 [德]亨德里克·克莱因◎科学顾问

吉林科学技术出版社

阅读指南

内构剖视图

解剖外部，展示恐龙的身体内部结构

致命的"香蕉牙"

暴龙残忍撕咬猎物的武器全靠口中60多颗牙齿。凿状牙位于前上颌骨紧密排列，横剖面呈英文字母"D"形，牙齿向后弯曲且形状类似香蕉，最长的竟达30厘米，有一半以上是埋在牙龈里的。千万不要小看这些"香蕉"，它们联合起来能够轻易咬碎一台汽车。

档案导标

以简历的形式展示该种恐龙的主要特征

暴龙

拉丁文学名	*Tyrannosaurus*
学名含义	残暴的蜥蜴
中文名称	暴龙
类	兽脚类
食性	肉食性
体重	6 000 千克
体形特征	巨大的头，口中有"香蕉牙"
生存时期	白垩纪晚期
生活区域	北美洲

恐龙图示

恐龙的真实 3D 还原

094

暴龙

终极霸主

暴龙绝对是全世界人民的超级偶像，自1905年被命名以来就一直坐在恐龙家族的国王宝座上。暴龙只有一个种——君王暴龙，又名霸王龙，像其"霸王"的名字一样随意虐杀各类恐龙。暴龙生存于距今约6 700万年到6 600万年的白垩纪晚期。它们是"恐龙文化"崛起的领军人物，从凶猛残暴的外表、惊悚刺激的画面，再到燃起孩童渴求知识的欲望，牢牢地占据了各地人民的内心。

如同摆设的前肢

暴龙的前肢小得可怜，仅有80厘米左右长，位置也非常靠后。这对可怜的小手不仅无法够到自己的脚部，甚至还摸不到自己的嘴，可想而知在战斗时根本没有任何作用。可能仅当暴龙趴着休息后起来时用来支撑身体。

12米

1.8米

主标题
主文字所要介绍的
恐龙名称

主文字
介绍恐龙历史背景的文字内容

小图解析
小图部分图片为专家所提供
化石图片或复原图

对照图
能够清楚地看出恐龙与人的
大小比例

目录
CONTENTS

进化分明的早白垩世

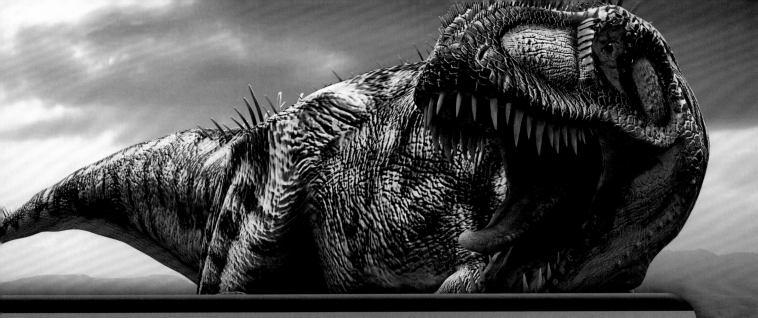

晚白垩世的鼎盛覆灭

目录 CONTENTS

进化分明的
早白垩世

独有的颈椎（zhuī）

　　始暴龙最大的特征是颈椎较长，这是后期暴龙类中所没有的。颈椎是脊（jǐ）柱椎骨中体积最小，但灵活性最大、活动频（pín）率最高和负重较大的节段。就是靠这灵活的颈椎使始暴龙平衡身体，全速追赶猎物。

3米

1.8米

无敌利齿

始暴龙的前上颌（hé）骨牙齿横切面呈"D"形、且有锯齿，后侧有明显的棱脊。牙齿向后弯曲，"D"形横剖面、后侧明显棱脊和往后弯曲，这些特点降低了始暴龙咬合时牙齿陷入猎物身体内的可能性。

始暴龙

拉丁文学名	*Eotyrannus*
学名含义	早期暴龙
中文名称	始暴龙
类	兽脚类
食性	肉食性
体重	2 000 千克
体形特征	长颈椎和长前肢手臂
生存时期	白垩纪早期
生活区域	英格兰

始暴龙
暴君的原型

　　始暴龙的化石是在英格兰怀特岛发现的。根据这些化石可以看出，它们生活在距今1.3亿年前，但却与暴龙有相似的特征。怀特岛地质博物馆馆长孟特指出，暴龙出现在距今大约7 000万年到6 000万年前，而那时，这些骨骸化石已有5 500万年的历史，已追溯到暴龙的祖先。始暴龙是暴龙进化史上重要的一环，它的化石填补了暴龙家谱的缺口。

转折的"关卡"

　　重爪龙的牙齿呈圆锥（zhuī）形，不同于普通食肉恐龙的餐刀形，共有96颗。鼻子上方是一个小冠状物，下方则长有一个转折区间，可防止到手的猎物逃脱掉。

成锐角的脖颈

　　重爪龙的脖子不像其他兽脚类恐龙一样呈"S"形状倾斜，而是转成一个锐角，对它来说更有利捕食。

镰刀般的巨爪

　　重爪龙的前肢粗壮有力，双手上还各长有一个0.3米多长的大拇指，弯曲得像一柄镰（lián）刀，加上锐利的尖端，会轻松迅速地扎进猎物体内，供重爪龙心无旁骛（wù）地享用。

7.5米

1.8米

重爪龙

史前渔家

拉丁文学名	*Baryonyx*
学名含义	沉重的爪
中文名称	重爪龙
类	兽脚类
食性	肉食性
体重	4 000 千克
体形特征	0.3 米长的巨大爪子
生存时期	白垩纪早期
生活区域	英国、西班牙、葡萄牙

🦕 重爪龙

在白垩纪早期，欧洲北面大大小小冲积平原和三角洲都一并汇入一片大型的水域。重爪龙就悠闲地在此处栖居着。1983 年，来自美国的业余化石猎人，威廉·沃克在英国的萨里郡附近发现了一块超过 0.3 米长的巨大指爪化石，彻底震惊了媒体界。为了纪念威廉·沃克所作的贡献，古生物学家就将这种新属恐龙的模式种命名为"沃氏重爪龙"。

犹他盗龙

犹他大恶棍

我们的主角，犹他盗龙，和重爪龙大致生活在同一时期，并都有似镰刀的无敌利爪，不同的是犹他盗龙的巨爪长在脚上。犹他盗龙可是在驰龙家族中占有重要位置，以野蛮的"群殴"方式在宽广的平原上肆(sì)意攻击。另外，它们还有很高的智商，可谓"文武双全"，因而被其他恐龙视为最危险的掠食者之一。

睿智的大脑

为什么说犹他盗龙很聪明呢？因为当研究人员对其颅腔断层进行扫描时，发现其大脑中心很大，由此断定智力要比恐龙的平均水平高，而且具有一定的认知力和处理事务的能力。

尾巴的"倔强"

犹他盗龙的尾巴就像一根坚硬的骨棒，是它们高速奔跑时重要的平衡器。上页图中被离龙类咬住的犹他盗龙，它的尾巴已经被咬断，即便活下来，也会非常艰难了。

犹他盗龙

拉丁文学名	*Utahraptor*
学名含义	来自犹他州的盗贼
中文名称	犹他盗龙
类	兽脚类
食性	肉食性
体重	300 千克
体形特征	脚上有大爪
生存时期	白垩纪早期
生活区域	美国犹他州

5.5米

1.8米

寐龙

沉睡的精灵

莎翁笔下的哈姆雷特曾经说过："死即睡觉，它不过如此！倘若一眠能了结心灵之苦楚与肉体之百患，那么，此结局是可盼的！"没想到这一幕却在亿万年前的辽西应验。寐（mèi）龙是首次被发现死前处于睡眠状态的恐龙化石，这是人们第一次看到恐龙的睡姿。此前，辽西的大多数化石都保持着"死姿"，而像寐龙这样以三维形式近乎完美地保存却不多见。

0.45米

1.8米

寐龙	
拉丁文学名	*Mei*
学名含义	沉睡的龙
中文名称	寐龙
类	兽脚类
食性	肉食性
体重	0.4 千克
体形特征	盘起来睡觉的姿态
生存时期	白垩纪早期
生活区域	中国辽宁省

脚上"杀手爪"

和所有的恐爪龙类和伤齿龙类一样，寐龙脚上的第二趾也有一个锋利的大爪，能够牢牢抓住猎物。配合那细小的身体，它可以在石缝和树洞等大恐龙难以涉足的地方高效率地捕食。

大眼看四方

　　寐龙有着硕（shuò）大的眼眶，表明它拥有着卓越的视力，可以在日间甚至黎明或黄昏等昏暗环境下觅食，还可以帮助它们发现藏匿（nì）在树洞里的猎物。

优雅的睡眠姿势

　　寐龙的体态和睡眠状态都与现代鸟类相似。其头蜷（quán）压在翅膀之下，面部伏在其中一只前肢之后，减少了表面积，有利于抵御（yù）体温下降。这种行为与鸟类类似，说明这两种动物有共同的祖先。

长羽盗龙

羽翼的化身

　　很多恐龙都已经有羽毛了，那距离飞行还会远吗？最近古生物界发生了一件大事，一种新属有羽恐龙在中国辽宁省被发现了。这只恐龙是到目前为止所发现的体形最大的四翼恐龙——长羽盗龙。长羽盗龙的特色尾羽会帮助它轻巧地降落。

中空"脆骨"

　　透过长羽盗龙娇小的身体，我们能够看见它中空的骨骼，内部全无次生加厚结构，骨壁仅约1毫米厚，相当于5张打印纸的厚度，可以很好地减轻体重。

长羽盗龙

拉丁文学名	*Changyuraptor*
学名含义	长羽盗贼
中文名称	长羽盗龙
类	兽脚类
食性	肉食性
体重	4.1千克
体形特征	长长的羽翼
生存时期	白垩纪早期
生活区域	中国辽宁省

1.2米

1.8米

长尾显神通

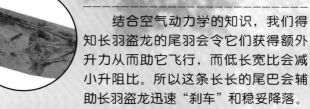

结合空气动力学的知识，我们得知长羽盗龙的尾羽会令它们获得额外升力从而助它飞行，而低长宽比会减小升阻比。所以这条长长的尾巴会辅助长羽盗龙迅速"刹车"和稳妥降落。

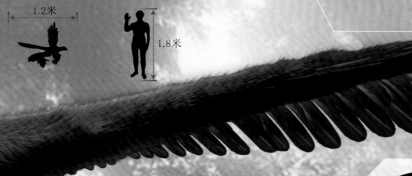

丰满的腿部

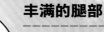

长羽盗龙的双腿生有长长的羽毛，丰满之余也令其看上去像一对翅膀，古生物学家称其为"后翅"。

小盗龙

四翼"滑翔机"

二十世纪三四十年代，在古生物界出现了一种假说，即鸟类的进化过程中有一个四翼阶段，可惜没找到相关的化石来证明，于是，小盗龙出现了。这只奇特的恐龙生存在距今约1.25亿年至1.2亿年前，是目前已知的最小的恐龙之一，它那特别的翼部构造，不仅引起了学者对现代鸟类飞行起源的讨论，还论证了下面的观点：现代鸟类可能都演化自四翼，或从生有长足部羽毛的动物而来。

 小盗龙

拉丁文学名	*Microraptor*
学名含义	小型盗贼
中文名称	小盗龙
类	兽脚类
食性	肉食性
体重	0.6 千克
体形特征	前后肢共有两对翅膀
生存时期	白垩纪早期
生活区域	中国辽宁省

0.7米　1.8米

长尾控方向

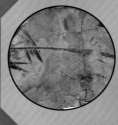

小盗龙虽然长得小，尾巴可是很长的，尾椎的发达骨化肌腱（jiàn）也令尾巴僵硬，因而在水平方向上具有高度灵活性，那些翩（piān）翩的尾羽也可协助控制方向。

猎杀的辅助帮手

小盗龙的每根长羽前端都窄于后端，形成的流线型构造会减少空气阻力，令它更容易飞行。它腓（féi）骨上的羽柄（羽轴的半透明部分）垂直背部，在捕猎时可以降低速度，起到"刹车"的作用。

奇妙的"袋喉囊"

你知道长有长尖嘴的鹈鹕（tí hú）吗？它的嘴巴下面是一个又宽又大的袋喉囊，由下颌与皮肤相连而成，能够自由伸缩且储存食物。北票龙也长有这个构造，帮助它储存一时吃不完的食物，避免了"饥一顿，饱一顿"的生活。

北票龙
披羽的大肚怪兽

1997年，中国辽宁省北票市附近发现的一件化石，为古生物界揭开了生存在距今约1.2亿年前的白垩纪恐龙——北票龙的神秘面纱！从化石上的皮肤迹象来看，北票龙的身体覆（fù）满类似绒羽的毛发，就如同已发现的中华龙鸟的羽毛。

北票龙

拉丁文学名	*Beipiaosaurus*
学名含义	北票蜥蜴
中文名称	北票龙
类	兽脚类
食性	植食性
体重	80 千克
体形特征	大腹便便，全身毛茸茸
生存时期	白垩纪早期
生活区域	中国辽宁省

2.2米

1.8米

堪用的指爪

想要真正了解北票龙，那你一定要见识它的 3 根巨大指爪，而中指爪最长。学者们推测这些大爪是北票龙抵抗掠食者的绝密武器，或将植物送入口中。另有一些研究者认为北票龙的食物其实是白蚁，那 3 根大指爪就是帮助它掘开白蚁的家而用的。

突出的门牙

除上颌前端伸出一些锐利的长牙齿外，几乎看不见尾羽龙长有其他牙齿。这几颗突出的牙齿坚固异常，就像松鼠的那一对大门牙，是吃贝类或鱼类动物的可靠用具。

尾羽龙
无处不在的炫耀

1997年，古生物学家在中国辽宁省发现了一块意义非凡的化石。起初这件标本被归于鸟类，可经过仔细研究后，被判属于恐龙。这只新恐龙的最特别之处就是尾端有一柄极美的羽扇，虽然不像孔雀那么绚烂夺目，但也是在恐龙家族中脱颖（yǐng）而出的辨识法器。它就是非凡美丽的尾羽龙。

坚硬的头颅骨

尾羽龙的头骨短且方，末端还有类似嘴喙（huì）的结构，整体而言，这个脑袋比较坚硬，会在打斗时保护脑内软组织。

绚丽的化身

尾羽龙的特点是有一身漂亮的"羽毛外套"。像孔雀一样，尾顶是一束呈扇形排列的尾羽，前肢也排列着羽毛。从化石上可以看出，这些羽毛明显有羽轴并演化出对称的羽片。遗憾的是，尾羽龙不会飞翔，羽毛仅仅作为保持体温和获得异性青睐（lài）之用。

0.65米

1.8米

尾羽龙

拉丁文学名	*Caudipteryx*
学名含义	尾巴羽毛
中文名称	尾羽龙
类	兽脚类
食性	肉食性
体重	2.2 千克
体形特征	身上覆盖羽毛，尾巴有羽扇
生存时期	白垩纪早期
生活区域	中国辽宁省

中华龙鸟

石破天惊的发现

1996 年，中国古生物界向世界传递出一个爆炸性的信息，那就是第一只长有绒状细毛的恐龙——中华龙鸟出现了！发现地是中国辽宁省。经过近 14 年的研究分析，在 2010 年，古生物学家终于揭开了中华龙鸟的最后一层神秘面纱，找到了其毛发衍生物内的黑色素。于是，相关研究员推测，中华龙鸟的毛发为栗色或红棕色。

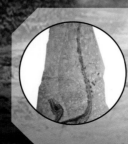

平衡功能

中华龙鸟的长尾巴比身体的一半还长，内部含有 60 多节尾椎骨，由发达的神经棘（jí）和脉弧组成，用来保证高速奔跑时身体的平衡。

拉丁文学名	*Sinosauropteryx*
学名含义	中国的龙鸟
中文名称	中华龙鸟
类	兽脚类
食性	肉食性
体重	3 千克
体形特征	前肢粗短，后腿较长
生存时期	白垩纪早期
生活区域	中国辽宁省

中华龙鸟

1.3米

1.8米

灵活小短手

中华龙鸟的身体比例和其他小型恐龙不太一样。它的前肢很短，大约等同于后肢长度的三分之一，但是指爪很大，可协助捕猎。

似鳄龙

夺命一击

　　1998 年，美国古生物学家保罗·塞里诺等人在尼日尔的泰内雷沙漠附近发现了一块化石，约三分之二的身体骨骼被保存下来。它就是似鳄龙，一种巨大的鱼食性恐龙。似鳄龙的脑袋上又长又窄的口鼻构造，不禁让人联想到冷血凶残的鳄鱼。它栖息的环境也不是如今的黄沙遍地，而是水草丰美的沼泽。

锋利的"镰刀"

　　似鳄龙强壮的手部长有三指，最为凶悍的就是拇指上似镰刀的爪子，大而锋利，可以牢牢扣住并瞬间刺穿猎物，猎杀水生动物简直不费吹灰之力。

高大的延伸物

同棘龙一样，似鳄龙后背也有一排延伸物，但却没有棘龙的那么高大。在这个延伸物的表面布有鲜艳的颜色，能够在交配季节吸引异性的青睐。

拉丁文学名	*Suchomimus*
学名含义	鳄鱼模仿者
中文名称	似鳄龙
类	兽脚类
食性	肉食性
体重	2 500 千克
体形特征	长的低矮口鼻部
生存时期	白垩纪早期
生活区域	尼日尔

似鳄龙

12米

1.8米

发达的齿系

似鳄龙长且狭窄的嘴里约生长着 100 颗牙齿，虽然不是很锐利，但呈后弯曲形态且坚硬无比。它的口鼻末端还有较之前更长的牙齿，最容易锁住体滑的鱼儿们了！

拉丁文学名	*Acrocanthosaurus*
学名含义	高棘的蜥蜴
中文名称	高棘龙
类	兽脚类
食性	肉食性
体重	4 400 千克
体形特征	背上有高棘
生存时期	白垩纪早期
生活区域	美国

高棘龙

11米

1.8米

高棘龙
凶残的绞肉机

　　在距今约 1.16 亿年到 1.1 亿年前的北美洲大陆上，居住着一群背上长有高棘的恐怖怪兽——高棘龙，其庞大的体形和无比锋利的牙齿可同暴龙比拼，无不表明了它强悍的能力。而近年来，古生物学家们又发现了许多化石，为研究其生理结构增添了更多的资料，并能够深入了解高棘龙的大脑和前肢作用。然而，高棘龙的归属仍存在争议，有些学者将它归到异特龙类，但有些学者则认为它属于鲨齿龙类。

背部的高棘

　　高棘龙外表最显眼的特点当属那些从脖子延伸到后背的高大神经棘。这些背棘是肌肉的附着处，形成一个又高又厚的隆脊，具有调节体温和储存脂肪的功能。

悠闲的姿势

　　经学者研究表明，高棘龙手部关节的许多骨头没有完全吻合，所以这些关节中一定有软骨存在。当高棘龙休息时，下垂的前肢、微微向后摆的肱（gōng）骨、弯曲的手肘和向内的指爪等动作无不显示其放松的姿态。

储能功能

　　棘龙的棘帆好似一块太阳能电池板，能在白天吸收太阳的能量并贮存在一个特殊的组织中。在夜晚降临之际、寒冷侵袭之时，棘龙就可以利用白天收集来的热量保证自身的活动。

浪里白条

　　2014 年的新发现表明，棘龙有一对扁平的脚，可用于帮助身体在水中划行。此外，棘龙的腰带也要比同类更小，表明其重心似乎已经后移，便于其游泳。

圆锥形的牙齿

同属兽脚类的棘龙牙齿却不是常见的餐刀形，而呈圆锥形态。牙齿表面是纵向分布的平行纹，为鳄鱼等鱼食性动物拥有的特征，令鱼肉不会紧贴于牙齿上。

 棘龙

拉丁文学名	*Spinosaurus*
学名含义	有棘的蜥蜴
中文名称	棘龙
类	兽脚类
食性	肉食性
体重	10 000 千克
体形特征	帆状神经棘
生存时期	白垩纪早期
生活区域	埃及、摩洛哥

棘龙
高傲的渔夫

14米

1.8米

　　早在 1912 年，德国的古生物学家就在埃及发现了棘龙的化石，然后存放于德国的慕尼黑博物馆中。可是不幸的是，1944 年，这个博物馆被炸毁了，这件珍贵的棘龙化石也就消失了。但在近几年，古生物学家又发现了棘龙的化石，研究之门得以重新开启。棘龙的体形远远大于暴龙和南方巨兽龙，是目前已知的最大肉食恐龙之一。

鲨齿龙

陆地狂鲨

现代非洲的沙漠给人的印象就是炎热干燥，寸草不生。而在距今约1亿年到9 300万年前的白垩纪，那里却是一片绿洲，一群长有鲨鱼牙齿的怪兽——鲨齿龙也居住在那儿。1931年，古生物学家首次发现了这种恐龙的化石，但是在1944年的"二战"中被摧毁了头骨。于是，为了复原破损的化石，古生物学家只能再次深入非洲腹地。最终，鲨齿龙的真实面目被整整推迟了半个世纪才正式揭晓。

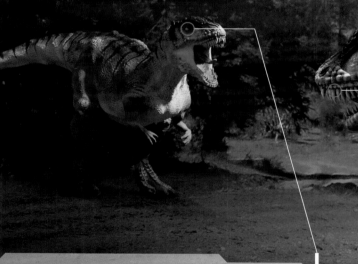

头大且笨拙

要知道，光是鲨齿龙的头骨就有约1.6米长，比暴龙的脑袋整整长出0.1米。可是脑袋大的并不一定聪明，因为脑容量要小于暴龙，所以鲨齿龙可比暴龙笨得多。

10~12米

1.8米

恐怖的鲨鱼齿

快看，鲨齿龙的嘴内是同噬（shì）人鲨相似的牙齿。这些牙齿长成了锯齿状，但并不弯曲，且两边的前缘凸几乎对称。于是，这些锋利的牙齿能轻而易举地刺进猎物体内，将猎物撕成碎片完全不在话下。

拉丁文学名	*Carcharodontosaurus*
学名含义	拥有鲨鱼牙齿的蜥蜴
中文名称	鲨齿龙
类	兽脚类
食性	肉食性
体重	4 000~6 000 千克
体形特征	鲨鱼牙般的巨大利齿
生存时期	白垩纪早期
生活区域	摩洛哥、阿尔及利亚

鲨齿龙

奔跑的"武器"

鲨齿龙后肢的三个长脚趾能够触地，趾端还生有似钩子的锋利爪子。于是，鲨齿龙拥有了高速奔跑和快速掠食的无敌技能，令猎物无处可逃。

颊部的配合

根据头骨结构和颌部后方的牙齿，显示棱齿龙拥有颊部结构，能够咀嚼（jǔ jué）食物，而不是直接吞咽进食。

接力的牙齿

当棱齿龙将上颌朝外移动时，下颌则会反方向收回，于是上下牙齿就会做出不断相互磨合的动作。棱齿龙就是靠着这种特性依次磨尖牙齿，这些牙齿也会不停地再长出来。

平衡功能

棱齿龙用双腿行走，走路的时候姿势是水平的。当它快速奔跑时，尾巴是笔直的而非弯曲着地，协助它保持平衡和拥有转弯的能力。

棱齿龙

拉丁文学名	*Hypsilophodon*
学名含义	高冠状的牙齿
中文名称	棱齿龙
类	鸟脚类
食性	植食性
体重	64 千克
体形特征	体形娇小
生存时期	白垩纪早期
生活区域	英国

2米

1.8米

棱齿龙
迅捷飞驰

在白垩纪早期，小型的植食性恐龙之所以能在弱肉强食的残酷时代中生存下来，其优秀的奔跑技能可谓功不可没。在此期间，一群极其善于奔跑的恐龙——棱齿龙出现了。迅捷如风的速度是棱齿龙保命的法宝，它也是鸟脚类恐龙中奔跑最快的种类之一，逃脱掠食者的魔爪可谓轻而易举。

替换过程

　　禽龙的嘴侧生有一些细小牙齿，它们的替换过程非常有趣，从位于偶数位的牙齿开始，而后奇数位顺次被替。多数情况下，替换波是从后面开始，牙齿则会由后至前依次减少。

	禽龙
拉丁文学名	*Iguanodon*
学名含义	鬣蜥的牙齿
中文名称	禽龙
类	鸟脚类
食性	植食性
体重	3 200 千克
体形特征	拇指尖锐
生存时期	白垩纪早期
生活区域	英国、德国、比利时

禽龙

旅居世界的"游侠"

　　1822 年，禽龙从漫长的岁月中"苏醒"；1825 年，来自英国的医生吉迪恩·曼特尔对它进行了描述。自从禽龙现世以后，人类才知道，在这个地球上居然曾经存在着如此令人惊惧的怪兽，而且几乎牢牢占据着整个中生代时期。它们霸占着地球，却又突然消失。禽龙存在于白垩纪早期，是第二种被正式命名的恐龙。

10米

1.8米

重却跑得快

　　禽龙坚实的四肢会令其稳步行于大地之上，但在奔跑时，就只有靠后肢了。幼年的禽龙有着更快的奔跑速度，而成年的禽龙就要逊色得多了。

扬"帆"行走

　　豪勇龙从出生开始就要背着一个"大帆"四处行走。这片帆状物由脊椎神经棘组成，从背部一直延伸到尾部。肌腱将后段棘柱相连来稳固背部。此外，"大帆"还能调节体温并充当视觉展示物，令豪勇龙看起来比实际更大。

鸭脸上的隆起

豪勇龙的脑袋和嘴巴又长又扁，活像一只巨型鸭。在这张"鸭脸上"有一个不规则的隆起，长在大鼻孔和眼眶之间。古生物学家认为隆起可能用在社交活动或追求异性时。

在距今约 1.25 亿年前的非洲，白天干热，好似要把人烤焦，但是一只长相奇特的恐龙却在美美地晒着太阳。这是因为豪勇龙是一种耐旱耐热的动物，非洲干热的环境对于它来说根本不是值得担忧的问题。

8.3米

1.8米

豪勇龙	
拉丁文学名	*Ouranosaurus*
学名含义	勇敢蜥蜴
中文名称	豪勇龙
类	鸟脚类
食性	植食性
体重	3 000 千克
体形特征	大型背部帆状物
生存时期	白垩纪早期
生活区域	尼日尔

腱龙 温驯的长尾朋友

腱龙生活在白垩纪早期的北美大陆上。腱龙化石被发现与恐爪龙化石在一起，由此推测其生前也许被恐爪龙攻击。从化石状态来看，应该是单独一只腱龙遭到几只恐爪龙围攻，是腱龙古老漫长生活的一个剪影。腱龙是很温驯的禽龙类恐龙，喜爱群居生活。它们之所以能在"群龙逐陆"的白垩纪存活下来，靠的就是集体自卫能力。因而，当腱龙们与恐爪龙面对面相遇时，成为胜者也是有可能的。

多功能的"第三条腿"

腱龙有一条令人印象深刻的大尾巴，不仅能够用来自卫，还能像袋鼠的尾巴一样支撑身体，可谓是腱龙的"第三条腿"。当它想要摘取高高的树叶时，就会依靠强健的后肢和身后粗壮的尾巴抬高上半身，从而成功摘取树叶。

拉丁文学名	*Tenontosaurus*
学名含义	肌腱蜥蜴
中文名称	腱龙
类	鸟脚类
食性	植食性
体重	5 000 千克
体形特征	又粗又长的尾巴
生存时期	白垩纪早期
生活区域	北美洲

腱龙

6~7米

1.8米

健美的腿

　　腱龙的前后腿都很纤（xiān）细优美，且前腿短于后腿，因此比较善于奔跑，尤其是未成年的时候。

鹦鹉嘴龙

有爱心的小家伙

　　1922年，由美国探险家、博物学家罗伊·安德鲁斯带领的中央亚细亚考察队进行第三次考察时，发现了鹦鹉嘴龙化石，为研究这种恐龙提供了素材。此后，在中国的辽宁地区又发现了大量的化石。从"鹦鹉嘴龙"这个名称，我们就可推测，它的嘴同鹦鹉的非常像，故此得名。

功能型巨喙

　　鹦鹉嘴龙可有个超级巨喙，咬力惊人。这个嘴同鹰嘴龟的极像。要知道，鹰嘴龟只有成人手掌那么大，却能一口咬断一次性筷子。如果将那张嘴同比例地扩大到近2米的鹦鹉嘴龙身上，就能想象到有多强大的咬合力了！

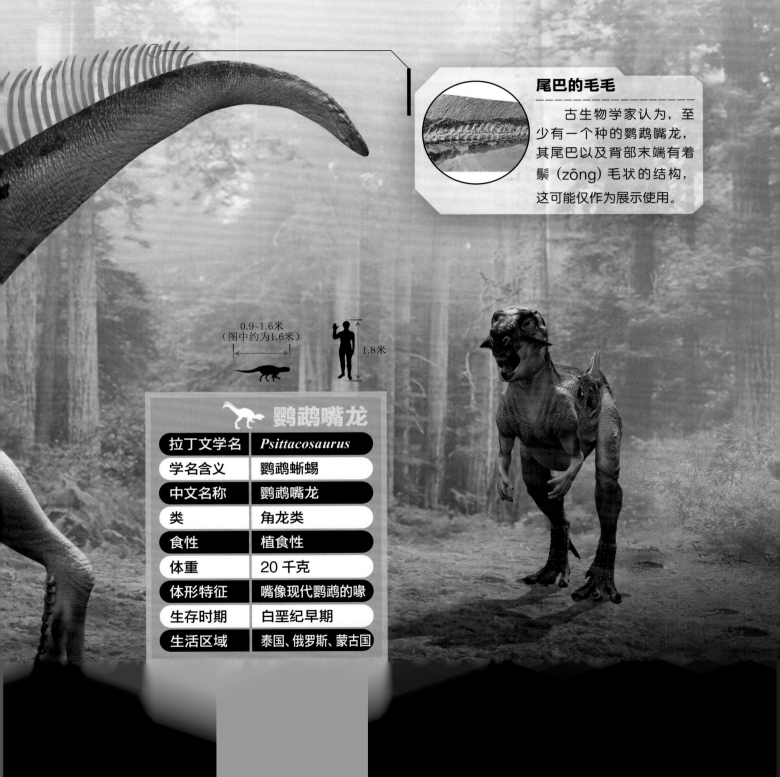

尾巴的毛毛

古生物学家认为，至少有一个种的鹦鹉嘴龙，其尾巴以及背部末端有着鬃（zōng）毛状的结构，这可能仅作为展示使用。

0.9~1.6米
（图中约为1.6米）

1.8米

![鹦鹉龙图标] **鹦鹉嘴龙**

拉丁文学名	*Psittacosaurus*
学名含义	鹦鹉蜥蜴
中文名称	鹦鹉嘴龙
类	角龙类
食性	植食性
体重	20 千克
体形特征	嘴像现代鹦鹉的喙
生存时期	白垩纪早期
生活区域	泰国、俄罗斯、蒙古国

拉丁文学名	*Sarcosuchus*
学名含义	肌肉鳄鱼
中文名称	帝鳄
类	鳄类
食性	肉食性
体重	8 000 千克
体形特征	超大尺寸的鳄鱼
生存时期	白垩纪早期
生活区域	非洲、南美洲

帝鳄

帝鳄

与公共汽车比肩

　　其实，曾经的撒哈拉沙漠并不是寸草不生的。在白垩纪的早期，那里是一个热带平原，大大小小的湖泊四处分布着，还有河流与小溪缓缓流过。岸边是郁郁葱葱的植被，而帝鳄就住在这里。帝鳄的身长近乎咸水鳄的两倍，是存活过的最大型鳄类之一。此外，它的外表也与当今的真鳄类非常像。如果帝鳄长到极致的话，就会和人类的公共汽车一样长，堪称"鳄王"！可想而知，猎食大型恐龙对于它们来说可是小菜一碟。

奇特的"鼓泡"

所有帝鳄的口鼻部位末端都长有一个奇怪的凹，叫作"鼓泡"，类似长吻鳄的"壶"，古生物学家推测这个构造可以用来更好地嗅探食物。

11.2~12.2米

1.8米

防御的"装甲"

帝鳄的背部是一排鳞甲。这些巨甲可以说是帝鳄的"装甲堡垒"，协助防御其他敌人的侵袭，但同时也限制了它行动的灵活性。

热情地献媚

    不像其他的翼龙类，捻船头翼龙可能生有两个头冠。一个头冠在口鼻部上侧，是个隆起；另一个则位于颅顶后方。当然，这两个头冠是用来追求异性的，会充血来吸引异性的目光。

实用的牙齿

    在捻船头翼龙齿列的最前方是大大的尖牙齿，之后是较小的三颗牙齿，然后又变成大一点的牙齿，最终牙齿越往后越小。如此的牙齿构成可以更好地咬住滑溜溜的鱼类动物。

捻船头翼龙
威特岛的传说

从 1995 年至 2003 年间，有古生物学家陆续在位于英国怀特岛南侧的亚佛兰德村发现翼龙类的骨骼化石，全部属于一种未知翼龙。直到 2005 年，这只新属翼龙才有了自己的名字——捻船头翼龙。学者们还在捻船头翼龙出土的地方发现了一些陆生植物化石，显示这种翼龙可能栖息在陆地另外经研究分析发现，捻船头翼龙属于那时最大的飞行类恐龙之一，主要食物是鱼类和小型陆地动物。

捻船头翼龙

拉丁文学名	*Caulkicephalus*
学名含义	捻严实的脑袋
中文名称	捻船头翼龙
类	翼手龙类
食性	肉食性
体重	10 千克
体形特征	口鼻部上侧有隆起头冠
生存时期	白垩纪早期
生活区域	英格兰

鬼龙

空中的幽灵

在 2009 年的下半年，古生物学家惊喜地发现了一块化石，从石板上模糊可见的巨大牙齿断定"这是一件罕见的翼龙化石"。于是，经过研究人员耐心细致地修复，这件标本珍贵的科学价值渐渐地展现在世人眼前。古生物学家将这只翼龙命名为"鬼龙"，模式种是猎手鬼龙，生活在距今约 1.2 亿年前的白垩纪早期，为相关学者研究翼龙类的飞行方式和食性提供了更多的信息。

4米

1.8米

"强势"飞行

　　短小牢固的肱骨在近骨干处有一个似马鞍的关节头，肱骨的上侧面一般有一个宽冠突，与胸部的飞行肌相连，再加上肩带与关节窝连接等结构，翅膀的力量被强化也就顺理成章了。

撒网收鱼

　　鬼龙的内弯曲牙齿齿尖长且粗壮，当它捕获到小鱼时，上下颌会立即合拢将鱼关进嘴里，有点类似人类的渔网。之后，它会飞到空中再吃掉食物，美味佳肴（yáo）也不会滑出嘴外。

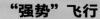 鬼龙

拉丁文学名	*Guidraco*
学名含义	鬼、德拉古
中文名称	鬼龙
类	翼手龙类
食性	肉食性
体重	10 千克
体形特征	巨大的薄片状脊冠
生存时期	白垩纪早期
生活区域	中国辽宁省

华夏翼龙

华夏之翼

古神翼龙科在中国辽宁的九佛堂组地层较为丰富，包括了中国翼龙和华夏翼龙。华夏翼龙有着非常发达的前上颌骨脊和顶骨脊，两脊后部还相互平行向背后方延伸，而本溪种的顶骨脊上方还保存了非常罕见的软组织。这些头骨形态各异的古神翼龙类"中国分舵"成员向世人展示了这类翼龙的多样性，远比我们认识的复杂得多。

神奇的前膜

翼龙平时停在陆地上时，都折起前膜收拢在翅膀前缘。一旦进入离地、飞行与着陆阶段，它们原来的模样就会展露出来。起飞时，由翼小骨支撑的前膜会增加30%的阻力，而在着陆时只增加15%。

森林翼龙

森林精灵

在距今约 1.2 亿年前的白垩纪早期，有一群玲珑小巧的森林翼龙在中国辽宁的上空飞翔着，完全没有空中霸主的卓越风姿，远远望去，还以为是小燕子在飞呢！但是它们却是之后的大型鸟掌翼龙类的祖先。由于体形娇小的优势，森林翼龙会很容易地隐藏在树丛之间，借以躲开大型动物的捕捉。于是渐渐地，这支体态娇小的族群随着时间的流逝，慢慢演化成能够统治天空的庞然大物。

攀岩高手

从出土的化石上看，明显能看到森林翼龙的前爪和脚趾具备抓在树枝上的功能。

脊冠如何发育

成年妖精翼龙的脊冠是一个整体，它从鼻尖延伸到头骨后方，而未成年妖精翼龙有两块脊冠：一块由鼻尖向后上方长出，另一块由头骨后方向前长出，当它们完全拼凑到一起之时，就是该翼龙的成年礼。

妖精翼龙

图皮人之翼

1989 年，人们发现了一块上颌骨残片及一些翼指骨和翼掌骨化石，其头骨上保存有脊冠。古生物学家将其命名为妖精翼龙。由于化石实在过于破碎，相关的研究工作进展得相当困难。幸运的是，后来有人居然在一批被当作古神翼龙的化石中发现了一个几乎完整的妖精翼龙头骨和骨骼，使得妖精翼龙的研究工作得以延续。妖精翼龙是翼展达 6 米的大型翼龙，虽然展开的翅膀有一座小房子那么宽，但实际重量却超不过一个小孩子！

古魔翼龙

古老的梦魇

古魔翼龙第一块化石发现于巴西的桑塔纳组地层,生活在距今1亿年前的白垩纪早期。它们的身体比例非常奇怪,头骨的长度是躯干的2倍,肩带粗大,腰带却小得可怜,使其前后肢极不成比例。由于这种身体构造,古魔翼龙成了非常著名的翼龙。

食鱼秘籍

古魔翼龙的上下颌各有小型、圆形冠饰,嘴内布满了圆锥状的弯曲牙齿,古魔翼龙会利用自己的牙齿合理地吞噬鱼类。

四肢的作用

古神翼龙的前肢没有爪子，在陆地上行走时需要用到发达的前肢来分摊大部分身体的重量，后肢则起辅助作用，令其步履蹒跚。

独特的骨骼

古神翼龙的骨架小并且骨骼中空，因而它们在飞行中会轻松不少。此外，古神翼龙的骨骼内有像鸟一样可以调节体温的小气囊，帮助它不受寒冷的侵袭。

古神翼龙

夺目的皇冠

在白垩纪早期的巴西，一群古神翼龙在湖泊和浅海上空翱翔。它们短而高的头骨异常特化，上面有很大的鼻眶前孔。此外，每一只古神翼龙都有独属自己大小和形状的头冠，是快速识别它们的法宝，也令其带有一份神秘色彩。

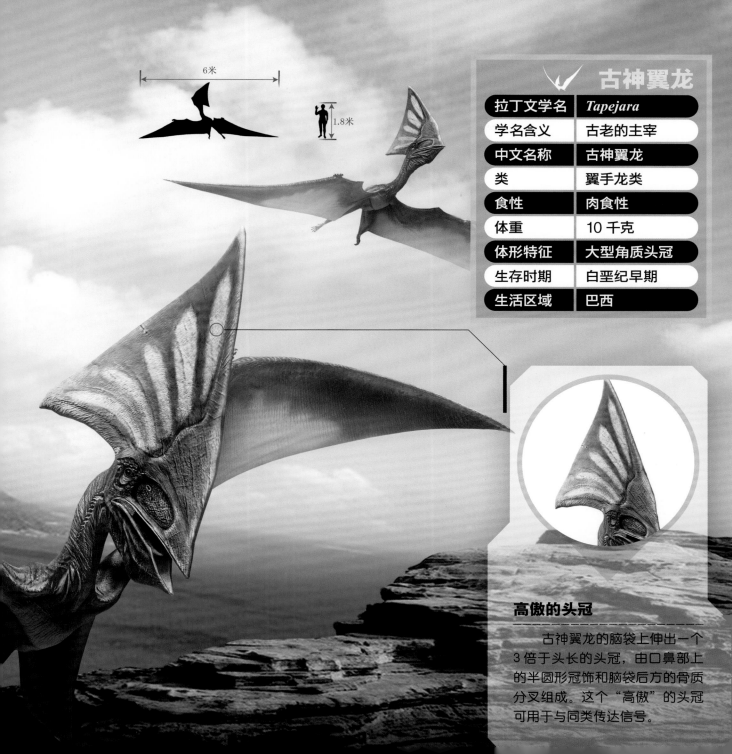

6米

1.8米

高傲的头冠

古神翼龙的脑袋上伸出一个3 倍于头长的头冠，由口鼻部上的半圆形冠饰和脑袋后方的骨质分叉组成。这个"高傲"的头冠可用于与同类传达信号。

掠海翼龙

狂舞的"剪刀手"

在距今约 1.08 亿年前，有一群栖息在白垩纪早期湖边的翼龙——掠海翼龙。它们可以说非常与众不同，可以在滑过大海的同时探测吃食。当然，这片领空除了能看见掠海翼龙的身影外，还有它的近亲古神翼龙（因巨大头冠被人熟知）。最近几年有些研究者认为掠海翼龙与妖精翼龙说不定是同一物种。

流线型的颌部

掠海翼龙的下颌遍布神经，凸出且略长于上颌；长喙上半部和下颌组成的样式像把剪刀。这种流线型的构造与现代的剪刀鸥十分相似。

准噶尔翼龙

新疆飞龙

大约在 1 亿年前，我国新疆的准噶尔盆地可以说是个圣地——巨大的湖泊似少女一样娴静美丽，各类植物茂盛地生长，为这里增添了无数生机，而准噶尔翼龙就幸运地出生在此。它的双翼伸展能达 3 米长，比一层楼还高。准噶尔翼龙的出现不仅补充了早期翼龙演化史的断档信息，还对研究全球翼龙的发展状态以及古地理增添了非常珍贵的信息，极具研究价值。

夹物"镊子"

准噶尔翼龙的上下颌前端弯曲，于顶端成一个尖，好似即将要飞出去的镊子。准噶尔翼龙会利用这个"镊子"轻松捕获生活在石缝中的贝类或鱼类动物。

功能型"四肢"

　　降落的南翼龙会将翼展折叠，这样四肢就可以在地面上行走了，当然也能够站在浅水里捕捞食物。它还长有一双大脚，稳定性是极好的。

南翼龙
千颗牙过滤世界

　　在中生代，翼龙一直以它卓尔不群的飞翔技能支配着天空。瞧，这位号称南翼龙的"大胡子"来自南半球，是白垩纪早期天空中的佼佼者，生存于距今约1.05亿年前。你可知道，南翼龙的脑袋有23.5厘米长，嘴内还长有1 000颗窄长的鬃毛状牙齿，但就是这些奇怪的"长胡须"令南翼龙名扬天下。此外，它粉红的身体也令大家常常联想到栖息在非洲东非大裂谷的红鹤，因而也被称为红鹤翼龙。

2.5米

1.8米

密集的牙齿

　　南翼龙的牙齿就像是充满玄机的过滤(lǜ)器，上颌的短牙齿就是这个"机器"的盖子。它会将上翘的大嘴慢慢探入海中，然后或静止或缓慢地向前摸索。它耐心地等待着小鱼、小虾们自动钻进过滤器中，轻轻紧闭上颌，最后滤去嘴内的水就可以美美地进食啦！

南翼龙

拉丁文学名	*Pterodaustro*
学名含义	南方羽翼
中文名称	南翼龙
类	翼手龙类
食性	肉食性
体重	5千克
体形特征	鬃毛状牙齿
生存时期	白垩纪早期
生活区域	智利、阿根廷

脊颌翼龙

峭壁舞者

翼龙是第一种飞上天际的脊椎动物。自从发现了翼龙的化石，人类就对它们产生了好奇心，因而一直不断地追逐着这类动物的踪迹。脊颌翼龙生活在距今约 1.08 亿~ 1.12 亿年前的白垩纪晚期，双翼展开的长度足有 8.2 米。它们喜欢栖息在海边的悬崖峭壁上，别看它们体形巨大笨重，但实际上活动起来十分轻巧灵活。

遮天羽翼

脊颌翼龙的双翼十分巨大。它们在天空中像人类使用的滑翔翼那样借风翱翔，而非像小鸟一样拍动翅膀。

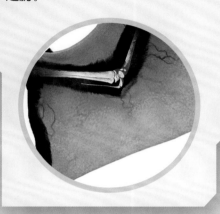

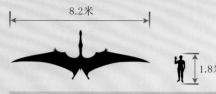

8.2米

1.8米

拉丁文学名	*Tropeognathus*
学名含义	拥有龙骨般的下颌
中文名称	脊颌翼龙
类	翼手龙类
食性	肉食性
体重	20 千克
体形特征	嘴巴上下都有脊
生存时期	白垩纪晚期
生活区域	巴西、英格兰

脊颌翼龙

劈开水面的"板斧"

脊颌翼龙的下颌伸出一个脊状突起，能在探进水中捕鱼时劈裂水面，以此减轻水压对身体的影响。

无齿翼龙

无牙刺客

　　到了白垩纪晚期，生活在美国广阔海面的无齿翼龙完全更迭 (dié) 了有齿的翼龙王族，完全适应了那时的环境。因为在领区内几乎没有天敌，所以无齿翼龙更加肆无忌惮 (dàn) 地扩张家族延伸的触角，身体不断生长变大，终于成就了一代天骄。

飞行中的"保护设施"

　　背肋在脊椎椎体两侧，越接近尾巴越短，强度越小。它连着胸肋并和胸骨共同构成了牢固的"笼子"，让无齿翼龙可以自由飞翔，无须担忧胸腔会受到压迫。

联合脊椎的力量

　　无齿翼龙的联合脊椎是一块两侧都有关节面的板状体，与肩胛骨连接，它最重要的功能就是支撑稳固肩带。此外，联合脊椎还与背阔肌相连，令无齿翼龙能够抬起前臂上肢而朝后摆动。

 无齿翼龙

拉丁文学名	*Pteranodon*
学名含义	没有牙的翼龙
中文名称	无齿翼龙
类	翼手龙类
食性	肉食性
体重	20~93 千克
体形特征	没有牙齿，脑袋像梭（suō）子
生存时期	白垩纪晚期
生活区域	美国堪萨斯州

4~8米

1.8米

"刺客"本无牙

　　无齿翼龙就像现在的鸟类一样，只有喙状嘴却无牙。它的下颌长有1米多，注定了菜单中只有鱼类一项，家也只能在海边。

演化的痕迹

我们知道，翼龙的翼指骨通常由4节骨组成，但夜翼龙仅有3节，而且另外3根手指也极为退化，这可能是由它们不需要长时间接触地面而造成的。

偏转翼

　　夜翼龙在天空中翱翔（áo xiáng）时，会把身体偏转成一定角度，令翅膀不在一个水平面上，增加侧面阻力，用来抵消风的侧向力。

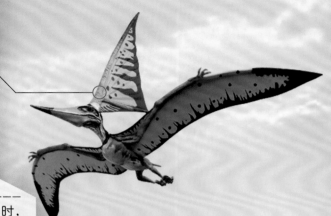

2米

1.8米

夜翼龙	
拉丁文学名	*Nyctosaurus*
学名含义	像夜晚蝙蝠的蜥蜴
中文名称	夜翼龙
类	翼手龙类
食性	肉食性
体重	1.86 千克
体形特征	头与脊冠像奔驰车的徽标
生存时期	白垩纪晚期
生活区域	巴西、美国堪萨斯州

夜翼龙
飞行的三叉星

　　在爬行动物"霸占"了大陆后，适宜的环境令家族成员愈来愈多，就使得可生存环境渐渐减少。于是，翼龙家族提早预知这一变化，摆脱了重力的束缚，征服了更加广阔的天空。在这一重大转变中，夜翼龙也展现出其非凡无比的能力。2009 年，中国的学者首次将古生物学与航空学结合，用气动力学来分析研究夜翼龙的飞行能力。它带着脑袋上极长的三叉星标志，成为陆、海、空"三栖明星"。

不容忽视的"窗口"

　　风神翼龙的体形是翼龙家族的冠军。它细长的脖子上是一个特别大的脑袋，大大的眶前孔几乎占据了头骨的一半长。于是风神翼龙的大头就少了很多负担，想要身体保持平衡也就容易多了。

没有定论的生活方式

　　风神翼龙的生活方式有许多不同看法。因为它的长颈椎和长而缺乏牙齿的颌部，有学者认为它的飞行能力不佳，反而是经常在地面活动，吞食腐尸。
（绘画／Mark Witton）

风神翼龙

披羽蛇的庇佑

当翼龙类家族生存至白垩纪晚期时，只剩下没有牙齿的伙伴们：无齿翼龙类、夜翼龙类和神龙翼龙类，而神龙翼龙类又是生存到最后一刻的族群。其中我们的主角，风神翼龙，即是代表之一！风神翼龙生活在距今约6 800万年到6 600万年前。据学者推测，它们的生活习惯应与信天翁相似，会长时间地在空中停留。可惜的是，风神翼龙也没能摆脱掉灭绝的命运，永远地消失在历史的空中了。

风神翼龙

拉丁文学名	*Quetzalcoatlus*
学名含义	披羽蛇神奎兹特克
中文名称	风神翼龙
类	翼手龙类
食性	杂食性
体重	200~250 千克
体形特征	头和翼都非常大
生存时期	白垩纪晚期
生活区域	美国得克萨斯州

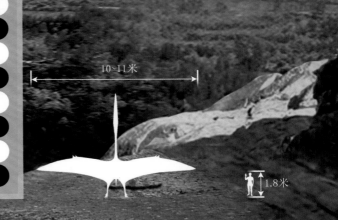

10~11米

1.8米

可怕的咬合力

南方巨兽龙的咬合力至少有 6 000 千克，最大的利齿足有 30 厘米，刀一样锋利的牙齿令它能够快速撕下猎物的皮肉。在陆生动物中，暴龙的咬合力最大，南方巨兽龙则紧随其后。

南方巨兽龙

拉丁文学名	*Giganotosaurus*
学名含义	南方的巨兽蜥蜴
中文名称	南方巨兽龙
类	兽脚类
食性	肉食性
体重	7 000~8 000 千克
体形特征	大脑袋,下巴略呈方形
生存时期	白垩纪晚期
生活区域	阿根廷

13~14米

1.8米

南方巨兽龙
南方的终极杀手

在距今约 9 700 万年前的白垩纪晚期,有一种非常厉害的掠食者在陆地上出现了。它们健硕的前肢比暴龙还适合猎杀动物,大腿股骨比暴龙的还要大。它们就是迄今所发现的恐龙中,体重第二的食肉恐龙——南方巨兽龙。南方巨兽龙是侏罗纪异特龙的后辈,却在自然选择中进化成更加庞大的体形。

尾巴的功效

南方巨兽龙坚硬的骨骼和强壮的肌肉网络是支撑沉重身躯的保证,与此同时还会令它在捕食时有不俗的速度。而长又尖的尾巴则赋予它迅速转向和击昏猎物的技能。

短而高的头颅

要知道，除了头颅稍微短且高，阿贝力龙几乎和暴龙生得一模一样。它的鼻子和眼睛上长有不平滑的突起，也许是用于支撑由角质组成的冠饰，但是却没有在化石中存留下来。

5.5~10米

1.8米

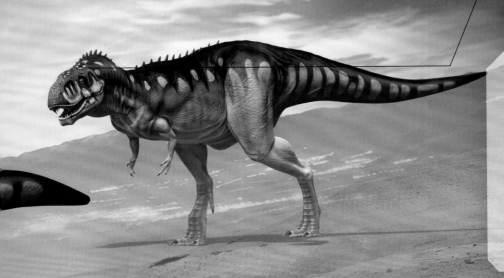

像窗户一样的模孔

我们可以看见，在阿贝力龙的头骨上也生有所有恐龙拥有的大型颞孔。这如同窗户一样的缺口，可以帮助恐龙们减轻头骨重量，更方便快捷地捕捉食物。

阿贝力龙
南半球的狠角色

在白垩纪晚期的北美洲，居住着最出名的恐龙明星——暴龙。但是你知道吗？在南半球上，还有一类凶猛无比的食肉恐龙在悄悄崛起。它就是阿贝力龙，在南美洲"一统江湖"！阿贝力龙生活在距今约 8 000 万年前，至今只发现一件不完整的头骨化石，长约 0.85 米。

	阿贝力龙
拉丁文学名	*Abelisaurus*
学名含义	阿贝力的蜥蜴
中文名称	阿贝力龙
类	兽脚类
食性	肉食性
体重	700~3 000 千克
体形特征	大脑袋和弱小前肢
生存时期	白垩纪晚期
生活区域	阿根廷

似鸵龙

全力奔跑

在距今约7 500万年至6 600万年前，有一种和鸵鸟长得非常像的长腿恐龙，似鸵龙。这只兽脚类恐龙奔跑在白垩纪晚期的加拿大，身后拖着一条几乎比身体一半还长的大尾巴。但是，似鸵龙最终和其他恐龙一道永远地消失在地球上了。现在我们能够接触到的不飞鸟类同似鸵龙很像，如巨大的鸵鸟。

4~4.8米

1.8米

似鸵龙

拉丁文学名	*Struthiomimus*
学名含义	鸵鸟模仿者
中文名称	似鸵龙
类	兽脚类
食性	杂食性
体重	150~350 千克
体形特征	外形像鸵鸟
生存时期	白垩纪晚期
生活区域	加拿大

双眼的魅力

　　似鸵龙的小脑袋上，却长着一双很大的眼睛，可谓是魅力四射，因而视线一定非常好。再加上那高超的奔跑技能，躲离危险可谓绰绰有余。

强势"组合"

　　似鸵龙长且壮的双腿是天生为奔跑而生的。长于股骨的胫骨可以高速奔跑，联合的三根跖（zhí）骨可使力量从脚踝输送到腿部和其他部位，令似鸵龙发挥出极致的速度。

无牙胜有牙

  窃蛋龙的嘴巴里没有牙齿，但是它的喙状嘴部有两个尖锐的骨质尖角。这对尖角像一对锋利的叉子一样，具备牙齿的功能，能够轻易地敲碎骨头。

敏捷的手指

  窃蛋龙的每只手上长着三个手指，上面都有尖锐弯曲的爪子。第一个指比其他两指短许多。这个指就像个大拇指，可以呈弧状弯曲，而且行动敏捷，能在短时间内把猎物紧紧抓住。

窃蛋龙

无休止的诅咒

在距今约 7 500 万年前的蒙古国的大草原上，栖居着一种身披羽毛、好似大鸟的恐龙——窃蛋龙。最早发现的是一些被踩碎的骨头，零散地分布在一个巢穴中，因而古生物学家认为它是在窃取其他恐龙的蛋时被杀害的，于是有了窃蛋龙一名，但事实上窃蛋龙是在保护自己的蛋。可是古生物界的规矩就是，名字一旦定下来就不能更改，因而窃蛋龙也只能永远背负"臭名"了。

 窃蛋龙

拉丁文学名	*Oviraptor*
学名含义	偷蛋的贼
中文名称	窃蛋龙
类	兽脚类
食性	杂食性
体重	22 千克
体形特征	身披羽毛，头有冠饰
生存时期	白垩纪晚期
生活区域	蒙古国、中国

1.6米

1.8米

食肉牛龙

拉丁文学名	*Carnotaurus*
学名含义	食肉的牛
中文名称	食肉牛龙
类	兽脚类
食性	肉食性
体重	2 000 千克
体形特征	眼睛上方长有一对角
生存时期	白垩纪晚期
生活区域	阿根廷

如牛的犄角

要说食肉牛龙最特殊的部位，就是长在眼睛上方那两根又短又粗的角，令头顶略宽。这两根角不仅可以用作争夺配偶，还可以同其他种族进行激烈的打斗。

7.5米

1.8米

皮内成骨

食肉牛龙的背部与体侧的皮肤上，有多列的圆锥形皮内成骨，部分直径达 0.05 米，包括宽而平的甲板和小而圆的结节。甲板在它的颈部、背部及臀部横列整齐陈列，使食肉牛龙的外表凹凸不平，类似今日鳄鱼的外表。

食肉牛龙
史前牛魔王

在距今约 7 200 万年至 6 990 万年前的白垩纪晚期，生活着一种大型食肉恐龙——食肉牛龙。它们是目前已知奔跑速度最快的大型恐龙，以自身优势迅速绝对地占领了南美生物圈的食物链之巅，是当时令人闻风丧胆的巨型恶霸。当看到类似食肉牛龙那对角时，小动物们就会马上逃跑。此外，学者们还在化石上发现了一些皮肤印记，也许食肉牛龙的外表非常精致华美。

11米

1.8米

灵活的前臂

暴龙的前肢短小，根本就是个摆设。但恐手龙的前臂修长灵活，因而较大多数恐龙的更为实用。从骨骼来看，其关节可以灵活运转，也就令恐手龙在对敌时运用自如。

锋利"手术刀"

恐手龙除了有强壮灵活的前臂可用外，长有锋利指尖的大爪也是生存的利器。恐手龙可利用这种大爪撕开敌人的胸膛，就如同医生手中的手术刀划开病人的皮肤一样。

拉丁文学名	*Deinocheirus*
学名含义	恐怖的手
中文名称	恐手龙
类	兽脚类
食性	杂食性
体重	6 400 千克
体形特征	锋利的爪子
生存时期	白垩纪晚期
生活区域	中国内蒙古自治区

恐手龙

恐怖的魔爪

1965 年，一支考察队在中国内蒙古自治区的戈壁沙漠发现了一种拥有可怕巨爪的恐龙，仅前臂和手指骨骼就达 3 米长！爪子就有 0.3 米。其中一位研究者还写道："当我想象整个恐龙的模样时真是毛骨悚然！"它就是目前所发现的恐龙中最令人感到惊悚的一种——恐手龙。

各司其职的四肢

恐手龙的前肢是进攻的武器，其细长锋利的爪子注定了前肢无法助其行走。于是，奔跑走路的重担就交给后肢完成。慢慢地，恐手龙的后肢肌肉进化得健壮无比。最终，四肢有默契地相互配合，服务恐手龙的一生。

巨盗龙

暴躁"霸王枪"

2005 年，古生物学家们在中国内蒙古自治区二连盆地发现了一具化石，其庞大的体形足与暴龙类恐龙相比。又过了两年，即 2007 年，著名的古生物学家徐星教授发布了研究成果：这件巨型化石来自恐龙世界的"袖珍"界——窃蛋龙类。它就是著名的巨盗龙，生存在距今约8000 万年前的白垩纪晚期，是目前发现的最大窃蛋龙类恐龙。

8米

1.8米

凶猛的大嘴

巨盗龙的大嘴看上去极其厉害，也许只需轻轻一夹，就能在瞬间咬断对方的腿或脖子，当之无愧是巨盗龙的猎杀武器。

🦖 巨盗龙

拉丁文学名	*Gigantoraptor*
学名含义	巨大的盗贼
中文名称	巨盗龙
类	兽脚类
食性	杂食性
体重	2 000 千克
体形特征	外形像超大火鸡
生存时期	白垩纪晚期
生活区域	中国内蒙古自治区

奔跑健将

巨盗龙的脊椎体内有能减轻体重的海绵状结构。它的小腿长于大腿，腿骨纤细，能助其快速奔跑。有学者推测，巨盗龙的奔跑速度可能快于暴龙。

镰刀龙

戈壁沙漠的四不像

直立行走

有些学者认为镰刀龙的前后肢长度相近，所以可能像大猩猩那样走路。但是大多数学者却支持镰刀龙不会用四肢行走的说法，因为那样的前肢不适合支撑体重，爪子也很碍事。

距今约 7 000 万年前晚白垩纪的中国内蒙古自治区戈壁沙漠，并不是如今的黄沙遍野，一片荒凉，而是生机勃勃、水草丰美的植物天堂。在那里，居住着一种植食性恐龙——镰刀龙，它的长相非常好玩儿，可以说是恐龙中的"四不像"。1948 年，由来自苏联和蒙古国组成的挖掘团队发现了镰刀龙的化石，但他们被其大爪子迷惑了，将其标本归入一种大型的龟类！直到 20 世纪 70 年代才改正了过来。

拉丁文学名	*Therizinosaurus*
学名含义	镰刀蜥蜴
中文名称	镰刀龙
类	兽脚类
食性	杂食性
体重	5 000 千克
体形特征	前肢上有极长的指甲
生存时期	白垩纪晚期
生活区域	中国内蒙古自治区

10米

1.8米

张扬的巨爪

镰刀龙有一对巨爪可用来自卫或抢夺异性。当碰到敌人时，它可能会展开双臂，然后像天鹅一样拍打翅膀，以此来展示巨爪威吓对方，因而也会在异性心中树立自己高大勇猛的形象。

大脑袋的"诉求"

特暴龙的头骨虽然高大，但前段窄小。此外，扩张幅度不大的后段头骨显示特暴龙的眼睛无法直接朝前，因而不具有暴龙的立体视觉。其实，特暴龙是靠着嗅觉和听觉能力进行捕猎的。

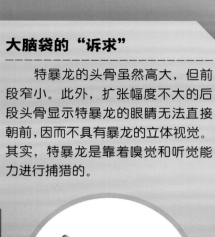

9.5米

1.8米

头部力学

特暴龙鼻骨和泪骨间没有骨质相连，但却有个大突起长在上颌骨后并嵌入泪骨，咬合力会由上颌骨直接转到泪骨处。它的上颌很坚固，因为上颌骨与泪骨、额骨和前额骨牢牢固定着。

粗壮的长尾

特暴龙拥有一条又长又重又壮的大尾巴，这可以帮助它平衡前部躯体的重量，将重心保持在腰间。

特暴龙

暴龙的亚洲兄弟

在白垩纪晚期的东亚，潮湿的泛滥平原上，河道广布，水草丰美。在这样一个人间天堂里，却居住着一位恶魔，人称"杀戮机器"。它就是特暴龙——最大型的暴龙类恐龙之一。这只恐龙的化石被保存得很好，包括完整的头骨和骨骸标本等，帮助研究者详细了解特暴龙的种系关系和脑部构造等相关信息。

 特暴龙

拉丁文学名	*Tarbosaurus*
学名含义	令人害怕的蜥蜴
中文名称	特暴龙
类	兽脚类
食性	肉食性
体重	4 000 千克
体形特征	两根迷你手指，后肢粗厚
生存时期	白垩纪晚期
生活区域	蒙古国、中国

轻便的骨骼

　　别看似鸡龙很大，它可是中看不中用，身体的骨骼都是中空的，正是这种中空构造，使得这只恐龙能够飞奔竞走。

似鸡龙

拉丁文学名	*Gallimimus*
学名含义	鸡模仿者
中文名称	似鸡龙
类	兽脚类
食性	杂食性
体重	450 千克
体形特征	外形像鸡
生存时期	白垩纪晚期
生活区域	蒙古国

似鸡龙

似旋风的极速奔跑

在恐龙世界里，兽脚类可算是"名门望族"了，支系广布，子弟众多，而且基本都是凶残的食肉"杀手"。但每个家族总会有一两个"不合群"的，似鸡龙就是其中之一，它是杂食性恐龙，除了吃肉还吃浮游生物。似鸡龙活跃在距今约 7 000 万年前的晚白垩纪，它也许是体形最大的似鸟龙类，能够奔跑如风。

6米

1.8米

急速狂奔者

似鸡龙可谓是白垩纪的奔跑健将。短趾、长跖骨和长于股骨的胫骨，加上上天赋予的强壮肌肉，令似鸡龙瞬间变身一台"超速机器"。

致命的"香蕉牙"

　　暴龙残忍撕咬猎物的武器全靠口中60多颗牙齿。凿状牙位于前上颌骨紧密排列，横剖面呈英文字母"D"形，牙齿向后弯曲且形状类似香蕉，最长的竟达30厘米，有一半以上是埋在牙龈里的。千万不要小看这些"香蕉"，它们联合起来能够轻易咬碎一台汽车。

🦖 暴龙

拉丁文学名	*Tyrannosaurus*
学名含义	残暴的蜥蜴
中文名称	暴龙
类	兽脚类
食性	肉食性
体重	6 000 千克
体形特征	巨大的头，口中有"香蕉牙"
生存时期	白垩纪晚期
生活区域	北美洲

暴龙
终极霸主

暴龙绝对是全世界人民的超级偶像，自1905年被命名以来就一直坐在恐龙家族的国王宝座上。暴龙只有一个种——君王暴龙，又名霸王龙，像其"霸王"的名字一样随意虐杀各类恐龙。暴龙生存于距今约6 700万年到6 600万年的白垩纪晚期。它们是"恐龙文化"崛起的领军人物，从凶猛残暴的外表、惊悚刺激的画面，再到燃起孩童渴求知识的欲望，牢牢地占据了各地人民的内心。

如同摆设的前肢

暴龙的前肢小得可怜，仅有80厘米左右长，位置也非常靠后。这对可怜的小手不仅无法够到自己的脚部，甚至还摸不到自己的嘴，可想而知在战斗时根本没有任何作用。可能仅当暴龙趴着休息后起来时用来支撑身体。

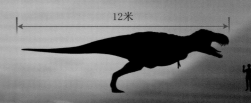

12米

1.8米

冥河盗龙
冥河的盗贼

在白垩纪晚期的美国蒙大拿州，动物纷杂遍布，植物繁荣生长。就在这时，冥(míng)河盗龙出现了。北美洲马斯特里赫特阶的驰龙属化石记录一直不太清晰，但根据来自蒙大拿州地狱溪组发现的化石，古生物学者建立了驰龙属恐龙的新属种——冥河盗龙。它是北美洲已知最晚的驰龙类恐龙之一。

	冥河盗龙
拉丁文学名	*Acheroraptor*
学名含义	来自冥河的盗贼
中文名称	冥河盗龙
类	兽脚类
食性	肉食性
体重	不详
体形特征	典型的驰龙类样式
生存时期	白垩纪晚期
生活区域	美国蒙大拿州

1米

1.8米

匕首状牙齿

古生物学家只挖掘到冥河盗龙的部分上颌骨和齿骨化石。在对齿骨的分析中，他们发现冥河盗龙的牙齿呈匕首状，这有利于更好地吞食猎物。

镰刀状的利爪

冥河盗龙的趾爪可能像恐爪龙一样呈镰刀状，行走时第二趾会缩起，仅使用第三趾和第四趾行走。原来研究者认为镰刀爪会割伤猎物，但近年研究指出其实是做刺戳之用。

7.5~8.5米

1.8米

坚实的"甲胄"

身体表面是一些圆形骨板，直径介于 0.5 ～ 11 厘米，骨板间还长有似纽扣的坚硬装饰物。这些小突起紧凑地排列着，令皮肤表面更加坚韧，增强了萨尔塔龙的防御能力。

萨尔塔龙

拉丁文学名	*Saltasaurus*
学名含义	来自萨尔塔的蜥蜴
中文名称	萨尔塔龙
类	蜥脚类
食性	植食性
体重	1 800~2 500 千克
体形特征	背部有背甲的蜥脚类
生存时期	白垩纪晚期
生活区域	北美洲

萨尔塔龙

巨无霸护甲

到了白垩纪晚期，栖居北美洲的蜥脚类恐龙失去了植食恐龙的统治地位，被鸭嘴龙类、甲龙类和角龙类等恐龙夺去优势。但是，还有一种长脖子的蜥脚类恐龙出现在某些地区，如果你看到它们，说不定会以为迷惑龙复活了。这种恐龙就是萨尔塔龙。

可怕的"鞭子"

萨尔塔龙拥有长长的尾巴。尾巴尖部很细，像一条大长鞭子一样。这种长尾不仅仅是保持平衡那么简单，更是令敌人生畏的武器。如果被这大鞭子抽中，后果可是极为悲惨的。

夺命"铁锤"

海王龙的脑袋上长有一个似圆筒的前上颌骨，可以撞击甚至打昏猎物，助它捕获吃食，还可以用在与同类的打斗中。可以说是海王龙的撒手锏。

致命武器

海王龙的下巴非常强壮，配合最里面的牙齿可以说是所有动物的噩（è）梦。它会用这个下巴和下巴两侧的锥形牙齿紧紧咬住猎物，让它们最终亡于嘴下。

海王龙
致命的潜伏

在白垩纪晚期，不仅陆地上演着各种殊死搏斗，在看似平静的海洋下面，也进行着此起彼伏的争斗角逐。而我们的海王龙，这只生活在美国堪萨斯州的庞大怪兽，因为其强大的掠食地位，就不需要为生活苦苦挣扎了。古生物学家在其化石的胃部找到了种类丰富的食物——有鱼类、小型沧龙类和蛇颈龙类等残留物。海王龙在水中的速度极快，即使拥有高超游泳技术的食肉鱼类，也难逃厄运。海王龙不愧于其"海洋之王"的称号。

强力"推动器"

　　海王龙长而有力的扁平尾巴是令其拥有数一数二游泳速度的主要因素。此尾巴长度大概是身长的一半，脊椎骨扩张的骨质椎体组成了助它畅游海洋的器官。

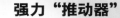

海王龙	
拉丁文学名	*Tylosaurus*
学名含义	有瘤的蜥蜴
中文名称	海王龙
类	沧龙类
食性	肉食性
体重	10 000 千克
体形特征	巨大的长条状身体
生存时期	白垩纪晚期
生活区域	美国堪萨斯州

15米

1.8米

6米

1.8米

球齿龙

拉丁文学名	*Globidens*
学名含义	球状牙齿
中文名称	球齿龙
类	沧龙类
食性	肉食性
体重	不详
体形特征	流线型身体，扁平尾部
生存时期	白垩纪晚期
生活区域	北美洲

球齿龙

带壳动物的梦魇

　　沧龙类，是生活在白垩纪晚期的海生爬行动物类群。它们食肉，凶猛异常，可谓是当时海洋中一切动物的噩梦。而我们将要介绍的种类可谓几乎囊括了沧龙类的所有特质：速度快、又长又尖的嘴、众多牙齿等。它们就是球齿龙，虽然失去了沧龙类的庞大体形和顶级的捕食技能，但也依靠着高速和灵活的优势，在大海中占有一席领地。

摇摆"大桨"

球齿龙有着长长的桨状大尾，并且尾部扁平。它们游泳速度极快，一旦发现猎物便会紧追不舍，直到咬住为止。

水中摆"舵"

球齿龙的四肢已经进化成桨状脚，鳍肢与其他沧龙类相同，都很小。当球齿龙游泳时，鳍肢只相当于舵的功能。

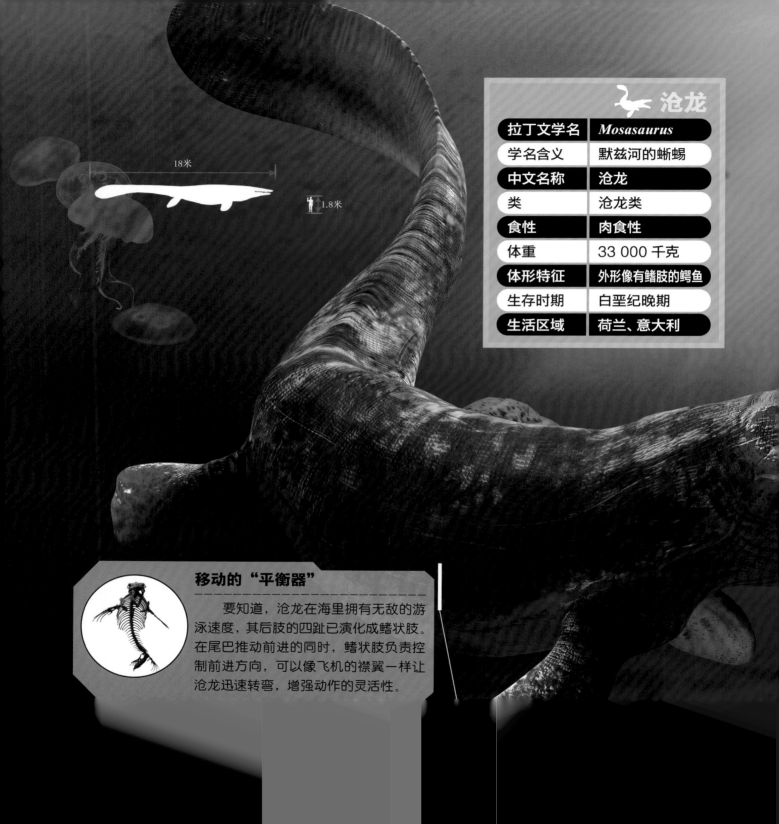

18米

1.8米

沧龙

拉丁文学名	*Mosasaurus*
学名含义	默兹河的蜥蜴
中文名称	沧龙
类	沧龙类
食性	肉食性
体重	33 000 千克
体形特征	外形像有鳍肢的鳄鱼
生存时期	白垩纪晚期
生活区域	荷兰、意大利

移动的"平衡器"

　　要知道，沧龙在海里拥有无敌的游泳速度，其后肢的四趾已演化成鳍状肢。在尾巴推动前进的同时，鳍状肢负责控制前进方向，可以像飞机的襟翼一样让沧龙迅速转弯，增强动作的灵活性。

沧龙

雄踞海洋的恶霸

在距今约 7 000 万年到 6 600 万年前的白垩纪海洋中，有一群活跃的沧龙生活着。它们演化自陆地上的蜥蜴，并在白垩纪中晚期快速繁衍生息，果断残忍地把其他鱼龙类、蛇颈龙类赶尽杀绝。然而好运不会一直跟着它们，就在沧龙家族为其蓬勃发展沾沾自喜时，来自大自然的灾难降临了，沧龙自然无法逃脱被灭绝的厄运。

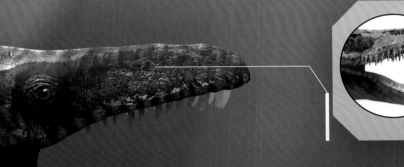

"声呐"系统

沧龙的上颌侧面有一组神经，可以检测到食物发出的压力波。沧龙就是利用这个压力波声呐来狩猎的，就像虎鲸使用回声定位来捕食。这个"声呐"系统能让沧龙更有机会找到吃食。

敏锐听觉

在深海里，回声定位是捕猎的主要手段。为了生存，沧龙改变其生活在陆地上祖先的耳朵构造，演化出扩大音量的系统，能够将声音增大 38 倍，准确获得目标方位。

长脖子的烦恼

一切事物都有双面性。长脖子在给薄片龙带来便利的同时，也令它一生都带着摆脱不掉的烦恼。沉重的脖子使薄片龙无法将头高举出海面，它也就无缘外面精彩的世界了。

薄片龙

终极版的蛇颈龙

在生物界中，最经典的蛇颈龙形象就属薄片龙了。它堪称蛇颈龙家族的末代枭雄，亲眼见证了家族的极致发展与兴衰没落。薄片龙生活在白垩纪晚期，是长相十分古怪的海洋爬行动物，活像一位长着超长脖子的侏儒症患者。它们身上的鳍状肢共有 4 个，游泳时就像是愚笨的海龟一样慢腾腾的。因为长脖子限制了攻击和自卫能力，并降低了反应速度，所以薄片龙在和体形逊于自己的沧龙打斗时，毫无意外地成了沧龙的食物。

12米

1.8米

薄片龙

拉丁文学名	*Elasmosaurus*
学名含义	薄板蜥蜴
中文名称	薄片龙
类	蛇颈龙类
食性	肉食性
体重	不详
体形特征	非常典型的蛇颈龙
生存时期	白垩纪晚期
生活区域	北美洲

狡猾的攻击

薄片龙就是利用那条占身体长度一半长的奇特脖子，远远地对猎物进行偷袭而不必担心被其发现。薄片龙非常有耐心，它会悄悄地等待时机，然后闪电般地弹起脖子咬住猎物，一击致命。

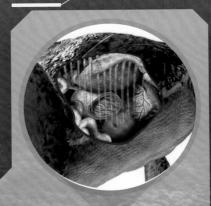

胃部宝物

薄片龙一生都在水里度过，靠捕鱼为生。为了更好地吸收营养，它们常常会去搜寻些小型鹅卵石吞掉。不仅可以研磨吃食，还令自身增重，便于畅游海底。

3.5米

1.8米

头足类的克星

古海龟锋利的嘴能够
帮它咬开有壳动物，如菊
石（一种已灭绝的海生无
脊椎动物）。

古海龟

远古"老寿星"

海龟的演化历史可谓是一段相当长的历史了，而白垩纪晚期的海龟叫作古海龟，是现代世界上最大的海龟——棱皮龟的亲戚。它的体形同现代海龟很像，也有着外壳保护，所以对于大型掠食动物来说，是一种非常棘手的猎物。据相关研究者推测，古海龟可以活到100多岁，堪称白垩纪时期的"百岁老人"。

拨桨前游

古海龟的四片桨状鳍很大，能帮助古海龟减少在水中游动的阻力并控制前进方向，还能辅助它浮出水面进行换气，古海龟也就变成了在开阔海洋中能进行长距离游泳的"能力龟"。

🐢 **古海龟**

拉丁文学名	*Archelon*
学名含义	巨大的龟
中文名称	古海龟
类	龟类
食性	肉食性
体重	2 200 千克
体形特征	椭圆形背部和桨状鳍
生存时期	白垩纪晚期
生活区域	美国怀俄明州、南达科他州

进食"机器"

　　鸭嘴龙的牙齿倾斜，数量惊人，上面是如同洗衣板的磨蚀（shí）面，会交错地咬合在一起。鸭嘴龙拥有发达的关节和肌肉，令上下颌可以灵活运动，牙齿就能将坚韧的植物磨碎甚至磨成糊状，是一台强大无比的"进食机"。

8米

1.8米

鸭嘴龙

拉丁文学名	*Hadrosaurus*
学名含义	健壮的蜥蜴
中文名称	鸭嘴龙
类	鸟脚类
食性	植食性
体重	3 000 千克
体形特征	鸭嘴状的嘴
生存时期	白垩纪晚期
生活区域	美国新泽西州、亚洲

牙齿解剖

鸭嘴龙的单颗牙齿由牙本质和釉质构成，表面是非常正规的菱形形状，但被一条线分割成稍对称的两部分。它的下颌齿列所暴露的釉质表面聚在一起，排成了似棋盘的面。

鸭嘴龙
史前"鸭嘴"怪

白垩纪晚期是恐龙消失前的繁盛时期，种类丰富，支系广布，有一群"鸭嘴怪"栖居在美国新泽西州的海边。由于嘴长得又扁又长，就像鸭子的嘴，所以叫它"鸭嘴龙"。这类恐龙往往有着极其庞大的种群数量，它们成百上千，甚至上万只集结成群，慢慢地在北美大陆上南北迁徙着。

盔龙

戴头盔的鸭嘴龙

那是白垩纪晚期的一个春天傍晚，微风徐徐，草木摇曳，夕阳金色的光芒铺满大地。突然，一声吼叫划破天际。紧接着，密林各处都是四起的盔（kuī）龙叫声，安宁不再。盔龙生活在距今约7 700万年到7 570万年前，是北美洲一类大型恐龙。作为鸭嘴龙类恐龙的成员之一，盔龙族群间的不断鸣叫好似一次次的铜管乐演奏会，震撼着人心。

拉丁文学名	*Corythosaurus*
学名含义	带头盔的蜥蜴
中文名称	盔龙
类	鸟脚类
食性	植食性
体重	2 500~2 800 千克
体形特征	头顶上有半月形的冠
生存时期	白垩纪晚期
生活区域	加拿大阿尔伯塔省

盔龙

7.7~8米

1.8米

华美的头冠

要想找到盔龙，那只脑袋上顶着"半只碟子"的就是了，它是空心的骨质头冠。而青年时期的盔龙或雌性盔龙的头冠相较于成年雄性盔龙的都小，因为只有成年雄性盔龙的头冠才完全长成，并且在繁殖期需要变换颜色来追求异性。

善于游泳吗

古生物学家一度认为在盔龙的手掌及脚掌上发现了蹼，进而认定这是一种善于游泳的恐龙。不过，后来学者发现这些蹼状物，其实是肉质残留，并不是蹼。

孵化幼仔

　　慈母龙喜爱群居生活，所以它们孵化宝宝的巢穴也紧密排列在一起，巢穴间的间隔大约有7米。每一个巢穴有呈圆形或螺旋形排列的30～40颗蛋。另外，慈母龙的父母不会坐在巢穴中孵化宝宝，而是在其中放入腐烂的植被，利用腐烂过程产生的温度孵化幼崽。

慈母龙

标准"好妈妈"

拉丁文学名	*Maiasaura*
学名含义	好妈妈蜥蜴
中文名称	慈母龙
类	鸟脚类
食性	植食性
体重	2 500 千克
体形特征	平坦喙状嘴的鸭嘴龙类
生存时期	白垩纪晚期
生活区域	美国蒙大拿州

7米

1.8米

那是1978年的夏天,年轻的霍纳和好友马凯拉来到落基山的丘窦镇寻找化石。他们来到一家专门售卖当地矿产的商店,并从店主那儿拿到了几块化石,幸运地发现了北美洲的首块恐龙胚胎化石,属于生活在距今约7 670万年前的白垩纪恐龙——"好妈妈"慈母龙。在此之后,霍纳与马凯拉又进行了近10年的艰苦奋斗,最终发现了数种恐龙的巢穴、恐龙蛋和嗷嗷待哺的幼龙化石,成功完成了恐龙是如何筑巢的及恐龙间的亲子行为等新领域的课题研究,成果令全球瞩目。

四足"使用权"

慈母龙没有足够的装备来抵御掠食者的侵袭。它的前肢比后腿短小,行走时会用四条腿走路,但是遇到敌人时就会抬起前肢,用后腿逃跑,速度还是很快的。

平顶骨冠

骨冠是短冠龙被识别的最佳特点，在脑袋上方形成一个平板。有些短冠龙的头冠大，而有的头冠长成短而狭窄的模样。一些研究者认为这些头冠主要起推撞的作用，可惜硬度不够。

11米

1.8米

豹纹之尾

短冠龙的尾巴粗壮，战斗能力非同寻常。周围还分布着类似豹纹的花纹，可见其时尚感也异常强烈。当然，恐龙的外表全都是形成于科学家们的丰富想象。

 短冠龙

拉丁文学名	*Brachylophosaurus*
学名含义	短冠蜥蜴
中文名称	短冠龙
类	鸟脚类
食性	植食性
体重	7 000 千克
体形特征	头骨上有平冠
生存时期	白垩纪晚期
生活区域	美国蒙大拿州

短冠龙
长有平板骨冠的怪兽

短冠龙是一种中型大小的恐龙，属于鸭嘴龙类。目前已发现几组骨骼的化石，出土于美国蒙大拿州及加拿大。短冠龙在白垩纪晚期四处走动，可谓是逍遥自在，要想寻觅它只需找到头顶上有平板头的恐龙就行了。它有一张扁平的嘴，坚硬的植物对它来说根本不是问题。但是短冠龙的身体弱小，再加上缺乏厉害的武器，所以低防御力是其继续存活的致命短板。

自带"报警器"

　　弯曲的头冠是中空的，其内是若干个被分层的骨腔，末端与口鼻部相连。骨腔中是空气，可以振动发出声音。副栉龙就是通过骨腔内积累的高压气体，从而发出震耳的长鸣。

凹口的推测

　　在一件副栉龙的脊椎化石标本上，研究者发现一处可能是头冠碰到后背的地方。这是一个位于神经棘的凹口，有可能是该只副栉龙的病理。因为如果有条从头冠至脊椎凹口的韧带来支撑脑袋的话，有点儿不实际。

 副栉龙

拉丁文学名	*Parasaurolophus*
学名含义	几乎有冠饰的蜥蜴
中文名称	副栉龙
类	鸟脚类
食性	植食性
体重	2 600 千克
体形特征	长长的头冠
生存时期	白垩纪晚期
生活区域	美国犹他州、新墨西哥州

9.5米

1.8米

副栉龙
著名的"小号手"

白垩纪晚期的北美洲, 气候温暖, 河流纵横, 植物繁盛, 而鸟脚类的副栉 (zhì) 龙就生活在这样一个生机盎然的地方。它们通常都是几百上千聚在一起生活, 虽然有丰富的蕨类植物可以享用, 但也需时刻警惕肉食恐龙的突然袭击。副栉龙有一个很有意思的配置, 即它的头冠能够发出高、低的声调, 如果发现危险, 就会为同伴"报警", 进而减少族群的伤亡。副栉龙正是凭借这个奇特的头冠而加入著名的植食性恐龙行列。

扇冠"发声器"

可以看到，扇冠大天鹅龙的最高部位就是那个奇怪异常的头冠，好似一把扇子。它将脖子同荐骨相连，里面却是空的，所以当气流穿过其中时可能会发出声响，可做"发声器"使用。

12米

1.8米

🐪 扇冠大天鹅龙

拉丁文学名	*Olorotitan*
学名含义	巨大的天鹅
中文名称	扇冠大天鹅龙
类	鸟脚类
食性	植食性
体重	3 100 千克
体形特征	短斧状的冠饰
生存时期	白垩纪晚期
生活区域	俄罗斯、北美洲

扇冠大天鹅龙

高傲的化身

在距今约 7 200 万年至 6 600 万年前的俄罗斯，生活着一群头冠好似短斧的鸭嘴龙类恐龙。它们会用二足或四足行走，古生物学家将它们命名为扇冠大天鹅龙。扇冠大天鹅龙是在北美洲之外首次发现的赖氏龙类，于是有学者就作出了这样的猜想：赖氏龙类恐龙也许最开始就发源于北美洲，然后穿过亚洲和北美洲，来到亚欧大陆，最终定居在那里。

高级口腔

扇冠大天鹅龙的口腔构造很复杂，不仅长有大量的可不断替换生长的牙齿，还能做出似咀嚼行为的碾碎举动。因此，它可是拥有一个非常高级的口腔，食物会更好地被咀嚼和消化。

独特的"角"

要想将棘鼻青岛龙同其他鸭嘴龙类恐龙相区分，脑袋上似长刺的头冠可是最关键的部分，这根刺令它看起来就像传说中的独角兽。当然，头冠可不仅仅只是个装饰物，还可能具有冷却和御敌能力。

棘鼻青岛龙

拉丁文学名	*Tsintaosaurus*
学名含义	青岛蜥蜴
中文名称	棘鼻青岛龙
类	鸟脚类
食性	植食性
体重	2 500 千克
体形特征	长刺般的头冠
生存时期	白垩纪晚期
生活区域	中国山东省青岛市

8.3米

1.8米

不协调的四肢

棘鼻青岛龙前肢短于后肢，主要起支撑身体的作用。平时它们会慢悠悠地四肢着地走动，但一遇到危险，就会转变成两足奔跑，速度却不快。

棘鼻青岛龙

群居的"独角兽"

1951年，中国古脊椎动物学奠基人、恐龙研究之父杨钟健和其他地质学者通力合作，成功挖掘出中国第一具最早、最完整的恐龙化石。由于这副骨架的脑袋上长有似棘鼻的装饰物，因而赋予其名字——棘鼻青岛龙。青岛龙非但不善于奔跑，还没有自卫装备，于是只能靠群居的习性来增加一定程度的安全性。

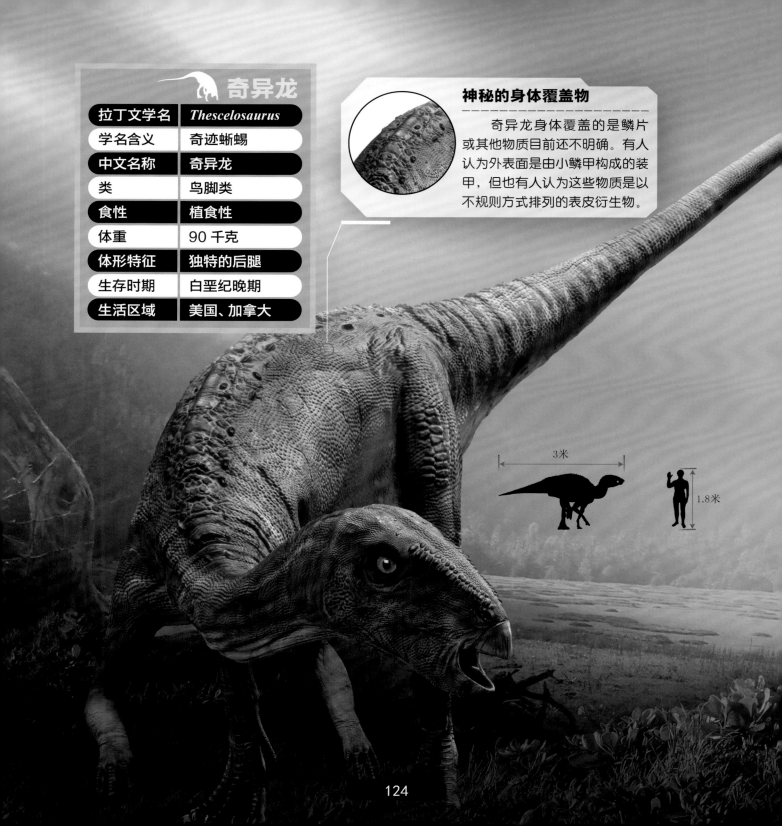

奇异龙

拉丁文学名	*Thescelosaurus*
学名含义	奇迹蜥蜴
中文名称	奇异龙
类	鸟脚类
食性	植食性
体重	90 千克
体形特征	独特的后腿
生存时期	白垩纪晚期
生活区域	美国、加拿大

神秘的身体覆盖物

奇异龙身体覆盖的是鳞片或其他物质目前还不明确。有人认为外表面是由小鳞甲构成的装甲，但也有人认为这些物质是以不规则方式排列的表皮衍生物。

3米

1.8米

奇异龙

河畔漫步者

北美洲大陆在白垩纪晚期是一片泛滥平原，虽然气候较干旱，却拥有丰富多样的植物类群，如开花植物、雪松、落羽杉和银杏等。奇异龙就是这里最常见的小型植食性恐龙，经常出入溪流河道，或饮水，或嬉戏。来自加拿大的古动物学家戴尔·罗素就曾在一本书中将奇异龙比作在现代生活的水豚和貘。奇异龙可能会死在河道中间或小溪附近，尸体被掩埋，随着地质变迁，最终以化石形态展现在世人面前。

独特的后腿

奇异龙有独特的腿部构造，股骨长于胫骨；再加上较大的体形，它的速度可能比其他棱齿龙类恐龙还慢。

开角龙

移动的堡垒

在白垩纪的晚期，北美洲被一个浅海分隔两地，开角龙就活跃地生活在这里。与三角龙一样，开角龙的"老祖宗"可能也是早白垩纪的祖尼角龙。相关研究者推测，开角龙在演化的过程中丢掉了强防御力，而选择了轻便。由于拥有相对较轻的身体，它们的奔跑速度被认为比任何一只三角龙都快。

发达的骨突

开角龙的颈盾边缘上有许多小小的骨突，这些是它们分类的依据。另外，这些小骨突还可能起到协助防御或炫耀的作用。

4.3~4.8米

1.8米

拉丁文学名	*Chasmosaurus*
学名含义	空隙蜥蜴
中文名称	开角龙
类	鸟脚类
食性	植食性
体重	1 500~2 000 千克
体形特征	巨大的颈盾
生存时期	白垩纪晚期
生活区域	加拿大阿尔伯塔省

开角龙

持续地进食

据相关学者推测，开角龙的生活习惯可能同牛一样，会用一整天的时间吃东西。只有这样才能获得足够的能量来满足它。

5米

1.8米

短小"盾牌"

华丽角龙的颈盾很有特色，方形颈盾的长为宽的 2 倍并向后上方倾斜，末端伸出数个向前弯曲的角。此外，在颈盾边缘还有 10 个小的颈盾缘骨突，在战斗和求偶时使用。

独特的头部骨骼

华丽角龙的头骨很独特：前半头部平坦，鼻角短小；额角是低隆起；口鼻部宽广。

华丽角龙	
拉丁文学名	*Kosmoceratops*
学名含义	装饰有角的脸
中文名称	华丽角龙
类	鸟脚类
食性	植食性
体重	2 500 千克
体形特征	头颅骨上有多个角状结构
生存时期	白垩纪晚期
生活区域	美国犹他州

华丽角龙
繁复的贵妇人

在白垩纪的晚期，北美洲被西部内陆海分成了两块大陆，并且出现了一次意义非凡的演化辐射。华丽角龙在西部内陆海道的南部，此后其分支向北迁徙，在北部形成了迷乱角龙。华丽角龙与其他恐龙最主要的不同就是"爱美"，它的脑袋上布满了很多四处延伸的装饰物，将近有 15 个角或似角组织，可以说是角龙类恐龙中最多的。

利剑"盾牌"

颈盾上边缘是六个尖锐厚重尖刺。这面带刺盾牌可攻可守，完美地将头部保护起来。只要把脑袋用力迅速抬起，戟龙的"利剑"就会狠狠地刺入敌人的胸膛之中。

戟龙

拉丁文学名	*Styracosaurus*
学名含义	有尖刺的蜥蜴
中文名称	戟龙
类	鸟脚类
食性	植食性
体重	1 800 千克
体形特征	鼻部上有高大的角
生存时期	白垩纪晚期
生活区域	加拿大埃布尔达省

戟龙

锋利的战戟

　　戟龙是一种大型的角龙类恐龙，生活在距今约 7 550 万年到 7 500 万年前的白垩纪晚期，北美洲的大平原则是它们的栖息家园。想要区分戟龙与其他角龙类，特大的鼻角可谓是最好的识别器，活像古代将士背着的"画戟"，但它们可不会像那些将士远离他乡，而是一直待在温暖的家乡。在遇敌时，它们会围成一圈，自觉地保护弱小同类。

5.1米

1.8米

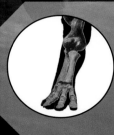

向外撇的四肢

　　戟龙的体长可是超过两辆轿车的长度的！所以强壮的四肢是平稳走路的必备品。向外撇脚趾则会令它更好地掌握角度、平衡身体和支撑体重。

原角龙

沙漠的盾牌王者

尽管蒙古高原的高温能把人烤熟，但仍抵不过考察队对恐龙的极度热情，一批批完整的原角龙骨骼化石有条不紊（wěn）地展现在他们面前，让人类更加充分地了解了这些最古老的角龙类族群。原角龙出生在东亚，短短的四肢和胖胖的身体，令它看起来笨拙得可爱。它比后辈们朴素单纯许多，没有张牙舞爪的角，仅仅有个颈盾，可区分于其他恐龙。

强有力的蹄爪

同大部分的陆地动物一样，原角龙用四足行走。它的 4 只大脚的趾端是蹄状爪，非常有力，不仅可以扎实走路，还可用作攻击敌人的武器，一脚踏伤对方。

2.5米

1.8米

长着"鹦鹉嘴"

原角龙窄窄的嘴好似鹦鹉喙。嘴前无牙，但两侧有牙，用以咀嚼柔嫩的枝叶和植物多汁根部。

野牛龙

拉丁文学名	*Einiosaurus*
学名含义	野牛蜥蜴
中文名称	野牛龙
类	角龙类
食性	植食性
体重	1 300 千克
体形特征	大幅向前弯的鼻角
生存时期	白垩纪晚期
生活区域	美国蒙大拿州

弯曲的鼻角

　　野牛龙的最大特征就是鼻孔上的鼻角，像一个开瓶器，前部尖锐，整个儿向下弯，可想其威慑（shè）力之大。试想一下野牛龙用这个鼻角刺穿其他恐龙的肚皮，也许不会使对方直接毙命，但也会令其在一段时间内丧失活动能力，等待死亡的降临。

4.5米

1.8米

野牛龙
疯狂的巨头

　　当今的美国蒙大拿州，显得有些荒芜。但是在白垩纪时期，你能看到平原、沙漠和湖泊等多种生态环境交错纵横，野牛龙就是在这样的环境下生活着。它的身高不高，鼻角大幅向前伸展，行动也像犀牛一样缓慢。目前古生物学家已发现至少15具年龄不同的野牛龙化石，都放在蒙大拿州的落基山博物馆内。

酷似鹦鹉的嘴

  喙骨和前齿骨组成了野牛龙的喙状嘴，骨质结构表面或包裹着角质。锋利的喙状嘴会使野牛龙轻而易举地咬断坚硬的植被，可谓咬力惊人。

坚硬的嘴喙

随着时间的流逝，牛角龙的嘴巴已演化成侧面紧缩的嘴，能轻松地咬断、嚼碎坚硬植物。

巨大的头盾

　　牛角龙的头盾很长，在后方还生有至少五对的缘骨突。试想一下，当牛角龙低下脑袋时，那壮观异常的头盾就直直地竖起来，令牛角龙瞬间变"高"。

	牛角龙
拉丁文学名	*Torosaurus*
学名含义	巨型爬行动物
中文名称	牛角龙
类	角龙类
食性	植食性
体重	4 000~6 000 千克
体形特征	脑袋占全长的一半
生存时期	白垩纪晚期
生活区域	美国

牛角龙
"牛魔王"的巨头

8~9米

1.8米

　　1891 年，古生物学家发现了牛角龙，但只有 2 件不完整的头骨化石。时至今日，已有很多牛角龙化石在美国各地出土，包括怀俄明州、蒙大拿州和犹他州等地。在发现的头骨化石中，最长的有 2.4 米，因而也令这块头骨成为有史以来陆地动物中的最大头骨。

8米

1.8米

近千颗牙齿

　　三角龙的嘴内布满了 432 ～ 800 颗坚硬的牙齿，并覆有珐琅（fà láng）质。当一些旧齿磨损到一定程度时，就会有新牙取代它。这种新旧交替的过程同鸭嘴龙类相似。

三角龙
终极角斗士

三角龙可以说是恐龙世界的超级明星了，无人不识，无人不晓，生活在距今约 6 800 万年到 6 600 万年前的白垩纪晚期。然而，随着大自然的不断变化，恐龙的生存环境也日渐严峻起来，但角龙群却由于拥有超强的适应能力最终存活下来，在冰冷无情的恐龙世界上演着自己编写的生存剧本。三角龙是恐龙永远消失在地球前的最后部落，亲眼见证了族群的万劫不复。

囫囵吞枣

三角龙的角质喙已经演化得与现代鹦鹉非常相似了。它们会利用这个特别的嘴在闭合的瞬间切断食物，然后直接吞咽。

三角龙

拉丁文学名	*Triceratops*
学名含义	有三只角的脸
中文名称	三角龙
类	角龙类
食性	植食性
体重	9 000 千克
体形特征	非常大的颈盾及三只大角
生存时期	白垩纪晚期
生活区域	北美洲

背上是什么

　　纤角龙从后背的一半到尾巴中间长有一排倒粗毛，臀部上方的刺状物最高，整体好似一个等腰三角形。这排鬃毛状结构可能只起到展示物的作用。

2米

1.8米

第三"支柱"

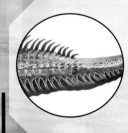

　　纤角龙的尾巴上虽然没什么特殊工具，但胜在又粗又长，可在遇敌时猛力抽打。此外，古生物学家还发现纤角龙的尾巴是"第三条腿"，可靠它蹲坐来维持平衡。

纤角龙

精致纤细的面孔

　　白垩纪晚期，丛林遍布，各种鲜艳的花朵也已经繁盛起来，不仅为植食性动物提供了种类丰富的食物，也令地球越发鲜活起来。这时的角龙家族可以说已经庞大无比了，其中的纤（xiān）角龙就活跃于北美洲西部。与近亲三角龙和牛角龙不同的是，纤角龙体形较小，头上的颈饰也没那么具有侵略性了。

纤角龙

拉丁文学名	*Leptoceratops*
学名含义	有纤细角的脸
中文名称	纤角龙
类	角龙类
食性	植食性
体重	100千克
体形特征	脸两侧有角
生存时期	白垩纪晚期
生活区域	美国怀俄明州

埃德蒙顿甲龙

全面武装

在白垩纪晚期，角龙类恐龙以其庞大的种群数量和巨角之威称霸陆地。但还有一批不容小觑的甲龙类恐龙落户此地，埃德蒙顿甲龙就是其中的一员。埃德蒙顿甲龙生活在距今约7650万年至6600万年前，身披厚重的装甲和尖锐的骨质棘。所以在面对劲敌强袭时，它们会用自身堪称完美的坚固攻防装备抵退掠食者。所以千万不要"以貌取龙"，就是这奇怪的身体构造和超强的防御能力令埃德蒙顿甲龙成为最著名的甲龙明星。

埃德蒙顿甲龙

拉丁文学名	*Edmontonia*
学名含义	埃德蒙顿的披甲蜥蜴
中文名称	埃德蒙顿甲龙
类	甲龙类
食性	植食性
体重	3 000 千克
体形特征	背部及头部有骨质甲板
生存时期	白垩纪晚期
生活区域	美国、加拿大

全身防护

你可以看到，埃德蒙顿甲龙披了一身厚厚的钉状和块状甲板，脑袋上还长有一些似拼图一样紧密拼在一起的骨板，保护它那三角形的脑袋。此外，也有装甲覆盖在脖子和身体两侧。似乎埃德蒙顿甲龙的身上没有一处可让敌人下手！

小小的牙齿

埃德蒙顿甲龙的牙齿是比较原始的，从正面看，颊（jiá）齿牙冠似叶，中间有脊状突起。另外，因为有牙釉质的保护，所以可以抵抗牙齿由咀嚼食物所产生的磨损。

6米

1.8米

包头龙

持流星锤的勇士

在白垩纪晚期，一群新的甲龙类战士涌现出来，并迅速划出自己的领地。它们就是包头龙，因满身的坚硬甲片和无敌的骨棘令其防御能力上升到了极致，使其在面对掠食者时可以从容面对。包头龙还是一项纪录的保持者，即"最完整的甲龙化石"。

包头龙	
拉丁文学名	*Euoplocephalus*
学名含义	完全装甲的头
中文名称	包头龙
类	甲龙类
食性	植食性
体重	2 500 千克
体形特征	尾端有尾锤
生存时期	白垩纪晚期
生活区域	美国、加拿大

大侠的"流星锤"

包头龙其实是一位深藏不露的大侠，武器则是呈双蛋形的、酷似"流星锤"的尾锤。它的尾巴上生有骨化肌腱，尾锤同尾端的尾椎紧密地结合起来，可以灵活摆动。

全副包裹的鳞甲

　　包头龙不像它的名字那样只包装到了头部，而是全副武装地覆盖着鳞甲，甚至包括眼睑，脑袋上则是呈不规则形状的鳞甲。每一片鳞甲都由嵌入皮肤的椭圆形甲板构成，让包头龙坚不可摧。

5.5米

1.8米

无与伦比的"厚头骨"

虽然肿头龙体形不大，但脑壳可是肿厚异常。在颅骨后还有一个厚达25厘米的奇特骨质棚，好似一个保龄球。此外，肿头龙头骨上的孔洞也闭合了，看上去就好像一柄坚固的锤子。

肿头龙

无敌铁头功

当地球进入了白垩纪晚期，恐龙家族也走下神坛，逐渐衰退。可是，就在它们最终消失之际，又出现了众多相貌奇特的新属，肿头龙就是其中之一，令恐龙家族爆发出了灭绝前的最后光芒。肿头龙是肿头龙族群中的明星成员，它丑陋的厚重颅顶是对抗敌人的有效手段，曾一度是恐龙界的饭后谈资。

	肿头龙
拉丁文学名	*Pachycephalosaurus*
学名含义	脑袋很厚的蜥蜴
中文名称	肿头龙
类	肿头龙类
食性	不详
体重	450 千克
体形特征	厚颅顶
生存时期	白垩纪晚期
生活区域	美国蒙大拿州

立体视觉

肿头龙的脑袋很短，一对大大的圆眼窝朝前，可见视力很好，也许拥有立体视觉。要知道，在强敌四处埋伏的时代，敏锐的视觉会助它提前感知危险，避免丧命。

4.5米

1.8米

恐龙分类

海鳄类 达寇龙

龟类 古海龟

古鳄类 古鳄

鸟鳄类 脉鳄

楯齿龙类 豆齿龙 楯齿龙

喙头龙类 异平齿龙

幻龙类 幻龙 色雷斯龙

覆盾甲龙类 小盾龙

鳄类 帝鳄

坚蜥类 正体龙 链鳄

海龙类 埃登那龙 阿氏开普吐龙 贫齿龙

剑龙类 钉状龙 剑龙 沱江龙 巨刺龙 华阳龙

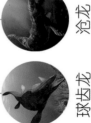
沧龙类 沧龙 球齿龙 海王龙

喙嘴龙类 双型齿翼龙 狭鼻翼龙 达尔文翼龙 真双型齿翼龙 矛颌翼龙 热河翼龙 奥地利翼龙 蛙嘴龙 翼手喙龙

曲颌形翼龙

148

蛇颈龙类

奥古斯塔龙
薄片龙
浅隐龙
蛇颈龙
海洋龙
皮氏吐龙

上龙类

滑齿龙

鸟臀类

古林达奔龙
异齿龙
拉金塔龙
始奔龙
皮萨诺龙
天宇龙

鸟脚类

豪勇龙
禽龙
棱齿龙
弯龙
灵龙
盐都龙

副栉龙
短冠龙
慈母龙
盔龙
鸭嘴龙
腱龙

奇异龙
扇冠大天鹅龙
青岛龙

恐龙形类

鸟首龙类

长鳞龙
跳龙
尼亚萨龙

角龙类

华丽角龙
野牛龙
纤角龙
开角龙
原角龙
三角龙
鹦鹉嘴龙
戟龙
牛角龙

恐龙分类

鱼龙类

 大眼鱼龙

 肖尼龙

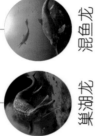 黔鱼龙

 杯椎鱼龙

混鱼龙

巢湖龙

原龙类

高尾龙

沙罗夫翼蜥

巨脛龙

弓鳄类

 山西鳄

弓鳄

肿头龙类

肿头龙

肿肋龙类

贵州龙

兽脚类

太阳神龙

南十字龙

理理恩龙

埃雷拉龙

始盗龙

曙奔龙

盒龙

劳氏鳄类

 迅猛鳄

苏牟龙

怪物龙

 芙蓉龙

亚利桑那龙

波斯特鳄

波波龙

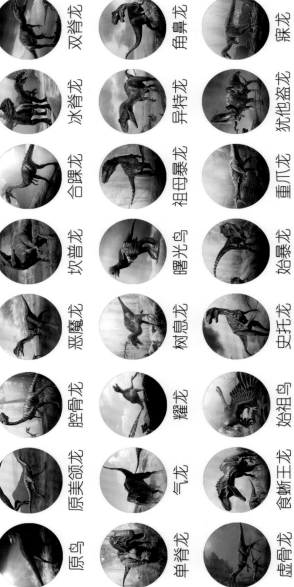
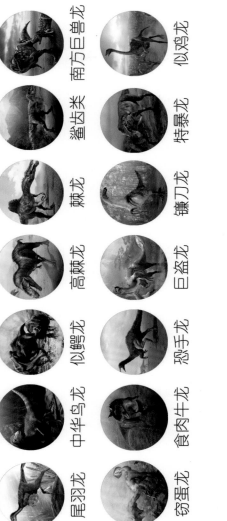

巨齿龙　蛮龙　长羽盗龙　南方巨兽龙　似鸡龙

双脊龙　角鼻龙　膝龙　鲨齿类　特暴龙

冰脊龙　异特龙　犹他盗龙　棘龙　镰刀龙

合踝龙　祖母暴龙　重爪龙　高棘龙　巨盗龙

坎普龙　曙光鸟　始暴龙　似鳄龙　恐手龙

恶魔龙　树息龙　史托龙　中华鸟龙　食肉牛龙

腔骨龙　耀龙　始祖鸟　尾羽龙　窃蛋龙

原美颌龙　气龙　食蜥王龙　北票龙　似鸵龙　冥河盗龙

原鸟　单脊龙　虚骨龙　小盗龙　阿贝力龙　暴龙

恐龙分类

翼手龙类

鬼龙

无齿翼龙

捻船头翼龙

脊颌翼龙

德国翼龙

南翼龙

风神翼龙

鹅喙翼龙

古神翼龙

豆齿龙

主龙形类

贫齿龙

镶嵌踝类

吐鲁番鳄

甲龙类

包头龙

埃德蒙顿甲龙

葡萄牙龙

肢龙

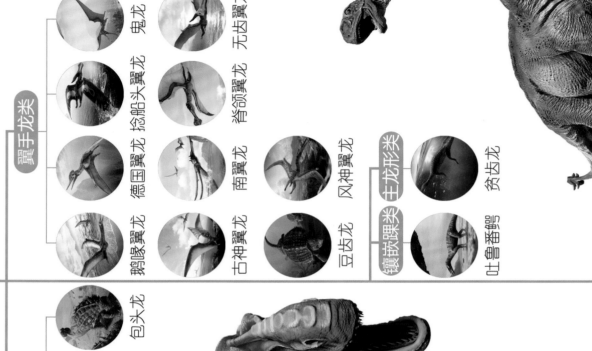

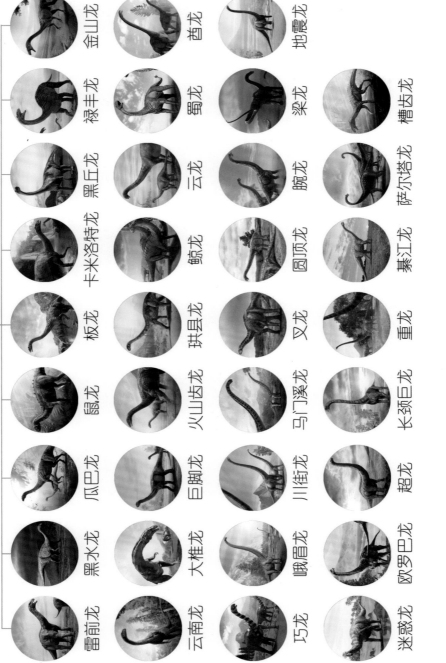

蜥脚类

金山龙　芭龙　地震龙

禄丰龙　蜀龙　梁龙　槽齿龙

黑丘龙　云龙　腕龙　萨尔塔龙

卡米洛特龙　鲸龙　圆顶龙　綦江龙

板龙　巩县龙　叉龙　重龙

鼠龙　火山齿龙　马门溪龙　长颈巨龙

瓜巴龙　巨脚龙　川街龙　超龙

黑水龙　大椎龙　峨眉龙　欧罗巴龙

雷前龙　云南龙　巧龙　迷惑龙

读书笔记说明

　　读书笔记是指读书时为了把自己的读书心得记录下来或为了把文中的精彩部分整理出来而做的笔记。在读书时，写读书笔记是训练阅读的好方法。记忆，对于积累知识是重要的，但是不能迷信记忆。列宁具有惊人的记忆力，他却勤动笔，写下了大量的读书笔记。俗话说："好记性不如烂笔头。"所以，俄国文学家托尔斯泰要求自己：身边永远带着铅笔和笔记本，读书和谈话的时候碰到一切美妙的地方和话语都把它记下来。记下重要的知识如有不懂可以再看一下。

　　常用的读书笔记形式：

提纲式 以记住书的主要内容为目的。通过编写内容提纲，明确主要和次要的内容。

摘录式 主要是为了积累词汇、句子。可以摘录优美的词语，精彩的句子、段落，供日后熟读、背诵和运用。

仿写式 为了能做到学以致用，可模仿所摘录的精彩句子、段落进行仿写，达到学会运用。

评论式 主要是对读物中的人物、事件加以评论，以肯定其思想艺术价值如何。可分为书名、主要内容、评论意见。

心得式 为了记下自己感受最深的内容，记下读了什么书，书中哪些内容自己受教育最深，联系实际写出自己的感受，即随感。

存疑式 主要是记录读书中遇到的疑难问题，边读边记，以后再分别进行询问请教，达到弄懂的目的。

简缩式 为了记住故事梗概，读了一篇较长文章后，可抓住主要内容，把它缩写成短文。

下面快来开始写一篇自己的读书笔记吧！

我的读书笔记

我的读书笔记

图书在版编目（CIP）数据

勇敢孩子的恐龙公园. 白垩纪恐龙 / 邢立达，韩雨江主编. -- 长春：吉林科学技术出版社，2016.11
ISBN 978-7-5578-0951-5（2024.10重印）.

Ⅰ．①勇… Ⅱ．①邢… ②韩… Ⅲ．①恐龙—儿童读物 Ⅳ．①Q915.864-49

中国版本图书馆CIP数据核字(2016)第138598号

YONGGAN HAIZI DE KONGLONG GONGYUAN·BAI'EJI KONGLONG

勇敢孩子的恐龙公园·白垩纪恐龙

主　　编　邢立达　韩雨江
科学顾问　徐　星　[德]亨德里克·克莱因
出 版 人　宛　霞
策划责任编辑　万田继
执行责任编辑　朱　萌
封面设计　书虫文化
制　　版　长春创意广告图文制作有限责任公司
幅面尺寸　212 mm×227 mm
开　　本　20
字　　数　160千字
印　　张　8
印　　数　48 001～49 000册
版　　次　2016年11月第1版
印　　次　2024年10月第9次印刷
出　　版　吉林科学技术出版社
发　　行　吉林科学技术出版社
地　　址　长春市福祉大路5788号
邮　　编　130118
发行部电话/传真　0431-81629529　81629530　81629531
　　　　　　　　　　81629532　81629533　81629534
储运部电话　0431-86059116
编辑部电话　0431-81629518
印　　刷　吉林省吉广国际广告股份有限公司
书　　号　ISBN 978-7-5578-0951-5
定　　价　39.90元